高强度采矿区地质灾害与防控学术研讨会论文集

GAOQIANGDU CAIKUANGQU DIZHI ZAIHAI YU FANGKONG XUESHU YANTAOHUI LUNWENJI

矿山地质灾害成灾机理与防控重点实验室
陕 西 省 地 质 环 境 监 测 总 站 编著

中国地质大学出版社
ZHONGGUO DIZHI DAXUE CHUBANSHE

图书在版编目(CIP)数据

高强度采矿区地质灾害与防控学术研讨会论文集/矿山地质灾害成灾机理与防控重点实验室，陕西省地质环境监测总站编著. —武汉：中国地质大学出版社，2017.4

ISBN 978-7-5625-4026-7

Ⅰ.①高…

Ⅱ.①矿…②陕…

Ⅲ.①矿山开采-地质灾害-防治-学术会议-文集

Ⅳ.①TD8-53②P694-53

中国版本图书馆 CIP 数据核字(2017)第 076254 号

高强度采矿区地质灾害与防控学术研讨会论文集

矿山地质灾害成灾机理与防控重点实验室
陕西省地质环境监测总站 **编著**

责任编辑：舒立霞　　责任校对：张咏梅

出版发行：中国地质大学出版社(武汉市洪山区鲁磨路 388 号)　　邮政编码：430074

电　　话：(027)67883511　　传真：67883580　　E-mail：cbb @ cug.edu.cn

经　　销：全国新华书店　　http://www.cugp.cug.edu.cn

开本：880 毫米×1230 毫米 1/16　　字数：297 千字　　印张：9.375

版次：2017 年 4 月第 1 版　　印次：2017 年 4 月第 1 次印刷

印刷：武汉市籍缘印刷厂　　印数：1—1000 册

ISBN 978-7-5625-4026-7　　定价：68.00 元

加强矿山地质环境保护
促进矿区生态文明建设

党的十八大以来，习近平总书记多次阐述了生态文明建设，他指出："既要金山银山，也要绿水青山，绿水青山就是金山银山。绝不能以牺牲生态环境为代价换取经济的一时发展。""生态环境问题是利国利民利子孙后代的一项重要工作，决不能说起来重要，喊起来响亮，做起来挂空挡。"

陕西省是一个矿产资源大省，也是矿业经济大省。近年来，以煤、石油、天然气和有色金属为主的矿业经济已经成为全省国民经济发展的支柱产业，在为经济社会发展做出巨大贡献的同时，采矿活动也引发了一系列地质环境问题和地质灾害的发生，如榆神府矿区大规模的煤炭开采、秦巴山区金属矿的高强度开采、渭北地区采矿采石活动，均给地质环境带来了较大影响。近年来在党中央、省委省政府的领导下，陕西省在保护矿区地质环境领域开展了大量卓有成效的工作，治理了历史遗留的矿山地质环境问题和地质灾害隐患，督促矿山企业依法编制了地质环境恢复治理方案，并监督实施。

我院作为省政府直属正厅级事业单位，一直高度重视矿山地质环境调查、保护与恢复治理工作，每年都安排这一领域的公益性地质调查项目，并取得了重要进展。2010 年组建成立以来，完成了全省矿山地质环境调查，开展了典型矿区地质环境恢复治理技术研究，对矿业经济活跃的县(市、区)开展了 1:5 万地质灾害调查，查明了矿山开发对地质环境的影响和地质灾害发育规律，研发了矿山地质环境监测仪器并获得专利授权，初步建立了以地下水为主的矿山地质环境监测体系，促进了矿山地质环境保护。我院主持完成的"矿产资源高强度开采区地质灾害防治关键技术"获得 2015 年度陕西省科学技术一等奖，这些成果都取得了良好的社会效益、环境效益。

近年来，我院每年组织召开一次地质环境领域的学术研讨会，每次一个主题，邀请知名专家与我们一起开展学术交流，促进我省地质环境领域科技进步和人才成长，发挥了公益性地质调查队伍的作用。2016 年，结合我院组建矿山地质灾害成灾机理与防控重点实验室的实际，于 11 月 23 日组织召开了"高强度采矿区地质灾害与防控学术研讨会"，来自中国地质调查局西安地质调查中心、中煤科工集团西安研究院、在陕各地勘单位、长安大学及我院的70余位专家学者出席会议，12位专家做了学术报告，学术氛围浓厚，内容丰富，报告精彩，理论与实践结合，展示了矿山地质环境恢复治理、地质灾害防控的最新成果和探索。本次会议共收到论文40篇，经过专家评议，其中27篇收入本论文集。

我院每年一次的学术研讨会是全省地质科技界的盛会，希望继续坚持下去，繁荣学术，促进人才成长和队伍发展，为实现我院“1253”工程目标和全省生态文明建设做出新贡献。

陕西省国土资源厅　党组成员
陕西省地质调查院　院　　长　苟润祥

2017年1月12日

目　录

高强度采煤对地下水的影响及其监测

范立民[1,2]

(1.矿山地质灾害成灾机理与防控重点实验室，陕西 西安 710054；
2.陕西省地质环境监测总站，陕西 西安 710054)

摘　要： 利用榆神府矿区534个水井1995年和2014年的水位测量数据，编绘了两个时期潜水位埋深图；发现潜水位变幅区域和变幅幅度，研究区73.0%的区域地下水位未发生明显变化，但有7.3%区域地下水位下降幅度超过8m，尽管比例小，但面积达758.9km^2，对区域地下水均衡产生了较大影响；分析潜水水位变化与煤炭开采的关系，高强度开采是矿区地下水位下降的主要驱动因素，71.5%的水位明显下降区(>8m)是由高强煤层开采导致的；提出了在该区建设地下水潜水监测网络的建议。

关键词： 保水采煤(保水开采)；潜水水位；榆神府矿区

我国西部富煤、缺水，尤其是陕北榆神府矿区，近20年来的高强度采煤，在为国家和地方经济发展做出巨大贡献的同时，也产生了一系列地质环境问题，其中对含水层结构的影响及地下水含水系统的影响最为显著。研究发现，20年来的高强度采煤，造成了窟野河流域上游乌兰木伦河沿岸、秃尾河流域西岸部分地段地下水潜水位出现了大幅度下降，并导致了井泉干涸，水体、湿地面积萎缩，地下水径流条件变化并导致流域生态环境变异。为此，我们调查了矿区开采前后的潜水位埋深，对其形成进行了初步分析，提出了加强该区域潜水监测的建议，提出了监测方案，期待其实施，促进矿区潜水含水层保护，促进区域生态环境改善。

1　高强度采煤对潜水水位的影响

本次研究，根据历史资料，整理了数十件煤炭勘查报告中潜水调查资料，并统一采用1995年的潜水位埋深数据。2014年实测了534口水井的水位埋深(标高)，其中干涸水井10口，未干涸524口，所有水井地下水均为潜水含水层，并对应有1995年的潜水位埋深数据。

1995年潜水水位埋深小于5m的区域主要分布在沙漠滩地区，面积3667.0km^2，占矿区面积的40.9%，其中尤以1～3m水位埋深的区域最广；而水位埋深大于8m的区域主要分布在黄土梁峁区，面积4348.0 km^2，占矿区面积的48.5%，以水位埋深8～15m为多。石圪台、大柳塔、哈拉沟、活鸡兔、张家峁、红柳林、柠条塔、锦界煤矿及麻黄梁—牛家梁一带，水位埋深均小于15m，其中在泉域中心地带一般为1～5m，水位埋深大于15m的区域，仅在麻黄梁镇以南、瑶镇以南、中鸡镇东北部及窟野河以东黄土梁峁地区分布。

2014年潜水水位埋深数据分析，大柳塔镇、中鸡镇、孙家岔镇，以及麻黄梁镇一带水位埋深大于15m。煤炭开发前、后地下水潜水位变化幅度较大(图1)。

据统计，水位变幅大于15m的面积306km^2，分布于大柳塔镇、中鸡镇、孙家岔镇，以及麻黄梁镇一

备　　注： 本文部分内容原载《煤炭学报》2016年第11期
基金项目： 陕西省科学技术推广计划(2011TG－01)
作者简介： 范立民(1965—)，男，山西曲沃人，教授级高级工程师。E-mail：498518851@qq.com

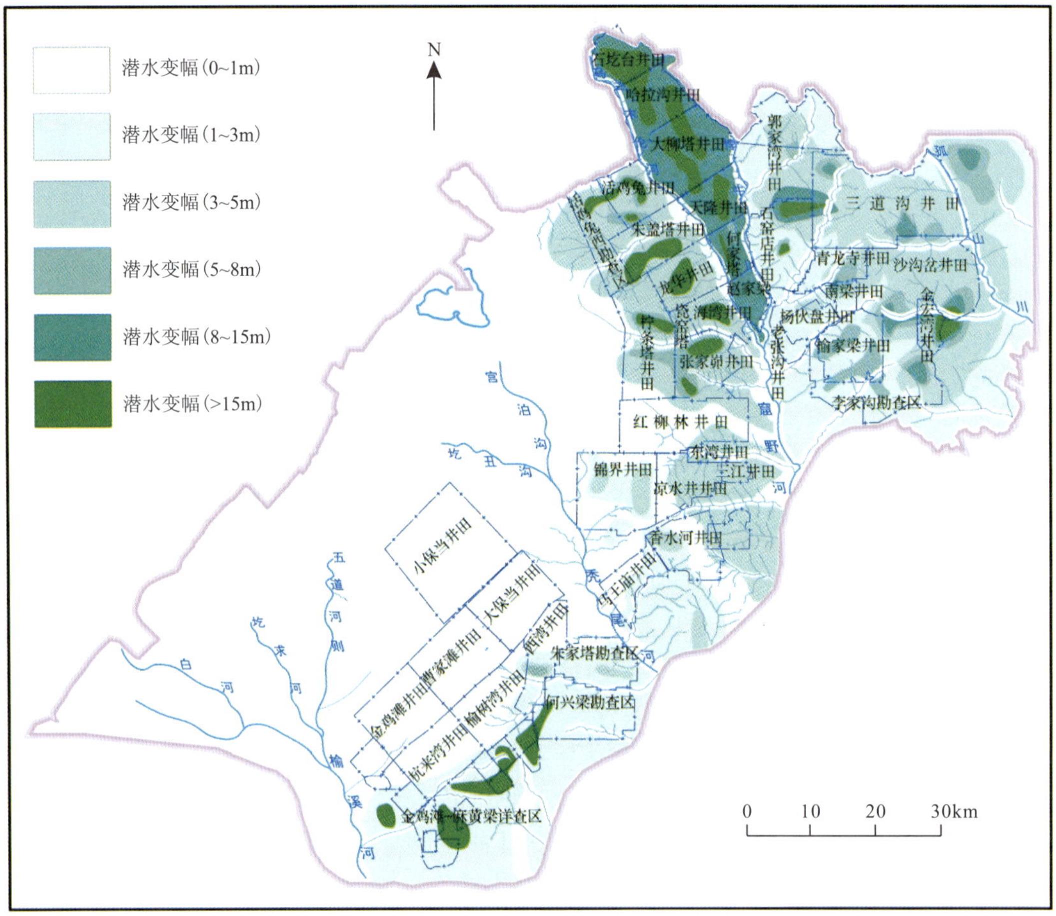

图 1　采煤前后水位变幅分区图

带；潜水位变幅介于 8～15m 的面积 352.1km²，分布于大柳塔、中鸡及麻黄梁等乡镇；潜水位变幅 5～8m 面积 215.3km²，分布于榆神矿区中部及神府矿区东部一带；潜水位变幅 3～5m 的面积 1526.3km²，主要分布于榆神矿区东部凉水井井田、香水河井田及府谷井田外围大部分地区；潜水位变幅 1～3m 的面积 1747.6km²，分布于榆神矿区西部、高家堡镇及神木县城一带；潜水位变幅 0～1m 的面积 4920.9km²，占矿区面积53.7%，全区都有分布，这与区域地下水动态变化相符。矿区地下水位总体上保持不变，尽管水位下降幅度大的区域所占比例较小，但总面积大，影响明显。以各统计区间的下限作为该区域的水位降幅，以给水度 0.18 计，水位下降幅度大于 8m 的区域损失的水资源储量达到 1.19×10^8 m³。

2　高强度采煤区地下水监测问题

上述研究说明，榆神府矿区高强度采煤已经对地下水产生了强烈影响，出现了窟野河的断流，故加强该区域地下水监测，刻不容缓。目前，国家地下水监测工程正在建设，但由于经费等原因，建设站点较少，无法实现地下水的全覆盖；因此，必须通过多种途径，加大地下水监测站点建设，确保人类工程活动对地下水影响强烈区域的覆盖。

为此，笔者提出，梳理现有地下水监测点，根据地下水径流系统特征，在每个流域都布设监测站点，严密控制地下水潜水流场动态，分析潜水位流场的变化原因，采取相应措施，促进地下水资源保护。

首先，收集整理各单位(系统)在区内的地下水监测点，分析控制程度，进行统一优化规划，提出地下水监测方案(下称“方案”)，并统一站点建设、数据采集标准和方法；其次，采取多渠道筹资建设方式，建设地下水监测站点，其中方案中落在现有采矿权内的站点，由采矿权人利用"矿山地质环境恢复治理方案"确定的监测资金负责建设，落在矿业权空白区的站点，由财政投资建设；第三，由省级地质环境监测机构研发监测系统和平台，对所有站点数据进行统一采集、分析和利用，定期提交矿区地下水动态监测报告，及时提出地下水保护建议。

3 结 论

(1)榆神府矿区开采前，大部分地区潜水水位埋深 1～5m，仅麻黄梁镇以南、瑶镇以南、中鸡镇东北部及窟野河以东等部分地区水位埋深大于 15m；近 20 年来，该区 7.3%区域地下水位下降幅度超过 8m，对区域地下水均衡产生了较大影响，高强度采煤是潜水水位下降的主要驱动因素。

(2)建议尽快建设榆神府矿区地下水监测网，利用矿山地质环境恢复治理方案和财政投资，建设榆神府矿区地下水监测系统，监测地下水动态变化，分析其原因，及时提出防控措施，保持矿区地下水系统的稳定性。

本文对我国西北煤炭高强度开采区具有一定现实意义。

我站 30 余位同志参加了榆神府矿区地下水位的野外调查，特此致谢！

参考文献

范立民，马雄德，冀瑞君. 西部生态脆弱矿区保水采煤研究与实践进展[J]. 煤炭学报，2015，40(8)：1711－1717.

范立民，向茂西，彭捷，等. 西部生态脆弱矿区地下水对高强度采煤的响应[J]. 煤炭学报，2016，41(11)：2672－2678.

范立民. 保水采煤的科学内涵[J]. 煤炭学报，2017，42(1)：27－35.

范立民. 论保水采煤问题[J]. 煤田地质与勘探，2005，33(5)：50－53.

范立民. 陕北地区采煤造成的地下水渗漏及其防治对策分析[J]. 矿业安全与环保，2007，34(5)：62－64.

冀瑞君，彭苏萍，范立民，等. 神府矿区采煤对地下水循环的影响[J]. 煤炭学报，2015，40(4)：938－943.

靳德武，刘英锋，刘再斌，等. 煤矿重大突水灾害防治技术研究新进展[J]. 煤炭科学技术，2013，41(1)：25－29.

李涛，王苏健，李文平，等. 沙漠浅滩地表径流保水煤柱留设生态意义及方法[J]. 采矿与安全工程学报，2016，33(1)：134－139.

马立强，孙海，王飞，等. 浅埋煤层长壁工作面保水开采地表水位变化分析[J]. 采矿与安全工程学报，2014，31(2)：232－235.

马雄德，范立民，严戈，等. 植被对矿区地下水位变化响应研究[J]. 煤炭学报，2017，42(1)：44－49.

马雄德，范立民，张晓团，等. 基于遥感的矿区土地荒漠化动态及驱动机制[J]. 煤炭学报，2016，41(8)：2063－2070.

马雄德，范立民，张晓团，等. 榆神府矿区水体湿地演化驱动力分析[J]. 煤炭学报，2015，40(5)：1126－1133.

王双明，黄庆享，范立民，等. 生态脆弱矿区含(隔)水层特征及保水开采分区研究[J]. 煤炭学报，2010，35(1)：7－14.

夏玉成，杜荣军，孙学阳，等. 陕北煤田生态潜水保护与矿井水害预防对策[J]. 煤炭科学技术，2016，44(8)：39－45.

陕西省矿山地质环境监测方案构想

李　成[1,2]

（1.陕西省地质环境监测总站，陕西 西安 710054；
2.矿山地质灾害成灾机理与防控重点实验室，陕西 西安 710054）

摘　要：对陕西省矿山企业现有矿山地质环境监测方法进行了系统分析，通过查找存在的问题，找出解决的途径，依靠相关规范，结合陕西省矿山地质环境问题实际情况，对陕西省矿山地质环境监测工作进行了规划部署，旨在预防因矿业开发造成的地质环境破坏和保护矿区及周边居民生命财产安全，为政府决策提供参考依据。

关键词：矿山；地质环境；监测；地下水监测；规划部署

0　引　言

陕西省是一个矿业开发大省，矿产资源丰富，能源矿产（煤）、金属矿产（铜、金、银、锰、铁等）、非金属矿产（石灰岩、石膏等）等矿山企业众多。截至2013年底，全省已发现各类矿产138种，其中查明有资源储量的91种。2013年全省有5389个矿山企业。矿业开发在为经济发展做出巨大贡献的同时，也引发了大量矿山地质环境问题。矿山地质灾害多发，地形地貌景观及土地资源破坏严重，陕北高强度采煤对含水层影响强烈。为了预防矿山地质灾害，掌握各类矿山地质环境问题动态变化情况，保护矿区及周边居民生产生活安全及矿区生态环境，保护含水层结构，实现保水采煤，急需要建立起陕西省矿山地质环境监测网络体系。通过分析陕西省矿山地质环境监测现状，对矿山地质环境监测工作进行了规划部署，以期为政府决策提供技术参考。

1　矿山地质环境问题

据调查，2011—2012年全省共累计发生矿山地质灾害185处，其中地面塌陷115处、滑坡34处、崩塌10处、泥石流9处、其他矿山灾害17处，共造成6人死亡，直接经济损失达12 225.87万元；矿业开采累计占用、破坏土地面积4.25×10^{4}hm^2，其中采矿活动累计破坏土地面积约3.80×10^{4}hm^2，废弃物堆放破坏土地面积约4510.51hm^2，地面塌陷1.82×10^{4}hm^2，矿业开采占用、损毁土地1460.47hm^2。矿业开发造成地下水位下降面积达1610.65hm^2，其中渭南市988.64hm^2、榆林市545.83hm^2，下降面积最大；矿坑累计排水量7.52×10^{8}t，2012年度排水量1.06×10^{8}t。矿山固体废弃物累计积存量达6.57×10^{8}t，其中废石（土）累计积存量约2.94×10^{8}t，煤矸石累计积存1.39×10^{7}t，尾矿累计积存3.44×10^{8}t。

2　矿山地质环境监测现状

陕西省自2011年开始，按照国土资源部统一部署，依靠矿山地质环境监测网络直报系统，采用企业

基金项目：国家重点基础研究发展计划（973计划）（2013CB227901）

作者简介：李　成（1979—），男，宁夏固原人，高级工程师，从事矿山地质环境调查、监测与地质灾害防治工作

填报、各级国土资源主管部门逐级审核上报的方式，对全省矿山企业矿山地质环境问题进行监测。监测的主要对象包括矿山基本情况、矿山地质灾害，以及含水层破坏、地形地貌景观破坏及土地资源损毁、矿山地质环境治理恢复情况等(表1)。

表1 历年矿山地质环境监测统计情况

年份	参加统计矿山数目(个)	年度地灾数目(个)	累计占用土地(hm^2)	废弃物累计存量($\times10^4$t)	年度治理面积(hm^2)
2011	4417	154	51 246.56	28 204.46	737.11
2012	4532	14	38 026.63	65 728.28	582.7
2013	4597	6	27 239.21	74 117.06	595.12
2014	4308	1	11 796.37	25 912.62	262.85
2015	4038	6	17 012.65	21 640.08	652.8

从表1可知，每年参加矿山地质环境监测统计的矿山数目均不一样，也没有做到全省矿山全覆盖，各年份数据之间变化差异比较大，反映了矿山企业在填报数据时的随意性和不准确性，这也是采用这种监测方式无法克服的局限。

另外，陕西省在2005年以及2013年分别进行过两次矿山地质环境调查工作，首次调查采用矿山企业填表、承担单位核查的方式，二次调查采用依靠矿山地质环境恢复治理方案结合矿山地质环境监测年报的方式进行。获取数据的方式依然存在很大局限，调查结果也未能覆盖全省矿山，调查数据误差也比较大。

因此，如何准确及时地获取矿山地质环境监测数据，成为目前陕西省矿山地质环境保护工作中亟待解决的难题之一。

3 矿山地质环境监测方案总体思路

3.1 监测分类

矿山地质环境监测从监测层次可分为宏观监测和微观监测，从监测责任主体可分为政府部门监测和矿山企业监测，从监测方式可分为人工监测和仪器自动化监测。

其中政府部门监测是宏观监测，主要监测对象应该是采用能够覆盖全省主要矿区可直接观测到监测数据的矿山地质环境问题要素，例如矿业开发产生的地形地貌景观破坏及土地资源损毁的面积，固体废弃物堆积面积及积存量等宏观数据；矿山企业监测是微观监测，主要监测对象应该是只能采用覆盖本矿区才能观测到监测数据的矿山地质环境问题要素，例如本矿山地质灾害变形量，地下水位、水质变化情况，以及采空区面积变化情况等(图1)。

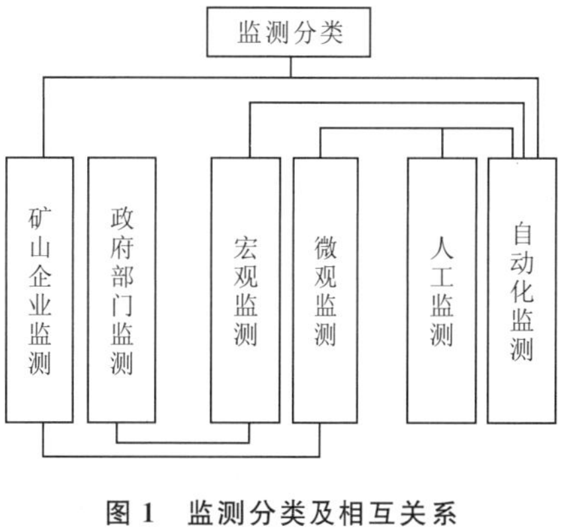

图1 监测分类及相互关系

3.2 政府宏观监测

3.2.1 全省矿区遥感监测

目前能够实现覆盖全省矿区的监测方式只能依靠遥感监测，遥感监测已经被广泛应用于气象、土地、海洋、农业、地质和军事等领域，近年来遥感监测亦被越来越多地应用于矿山地质环境监测。

采用遥感监测主要能获得的宏观监测数据包括矿山地质灾害范围变化、耕林草地等土地资源变化情况、地形地貌景观破坏程度以及矿山地质环境恢复治理面积等数据。获取方式是通过对不同时期卫星遥感数据进行解译，找出特征色斑的基本情况及两次解译过程中发生的变化情况，从而得出矿山地质环境问题的变化结果(图 2)。

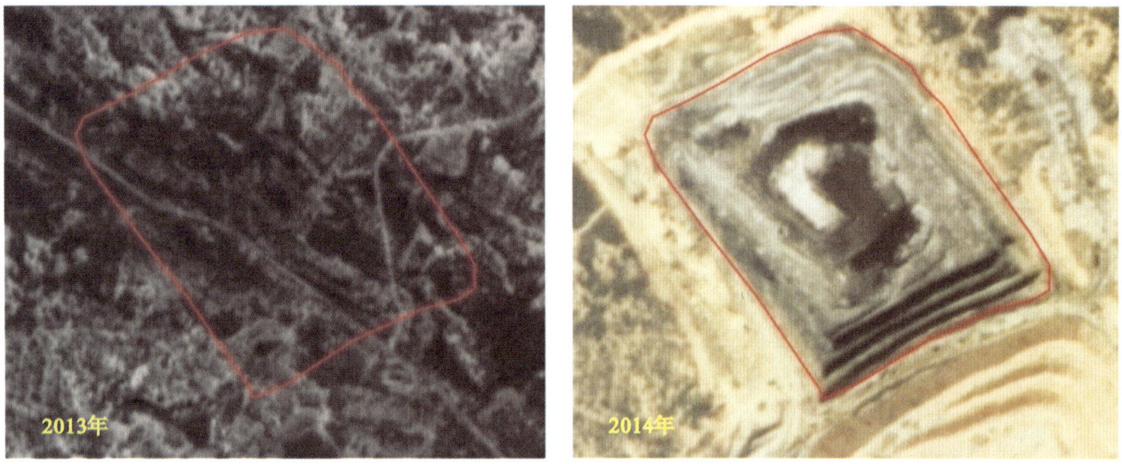

图 2 通过对比发现煤矿露天采坑

目前卫星遥感数据种类繁多，常见的包括 Worldview、Ikonos、QuickBird、Pleiades，SPOT5、Rapideye、02C、TH1、Zy3、Gf1 等(表 2)。

表 2 常见遥感卫星数据分辨率

卫星数据	中文名	产地	分辨率(m)
Worldview		美国	0.5～1.8
Ikonos	伊科诺斯	美国	1～4
QuickBird	快鸟	美国	0.61～2.88
Pleiades	普莱亚	法国	0.5～2
SPOT5		法国	2.5～10
Rapideye		德国	5
02C	资源一号	中国	5～10
TH1	天绘一号	中国	5～10
Zy3	资源三号	中国	2.5～10
Gf1	高分一号	中国	2～8

对于土地资源损毁以及地形地貌景观破坏等较大变化，国产资源一号及天绘一号卫星等均可满足监测要求；对于地质灾害范围变化、固体废弃物堆积范围变化等较小变化，需要较高分辨率的国外遥感数据监测。

根据陕西省目前的矿山地质环境监测现状和政府需求，矿山地质环境监测宏观遥感监测可按照一年一次监测。

3.2.2 重点矿区单要素自动化监测

对于集中连片开发同一矿种、产生的矿山地质环境问题相似、社会关注程度高的地区，可集中统一编制监测方案部署监测工程。煤炭矿区如榆神矿区、榆横矿区、神府矿区、黄陵矿区、澄合矿区、蒲白矿区、韩城矿区、彬长矿区等，单要素监测对象可为采空塌陷、地下水位监测；金属矿区如勉略宁多金属矿区、凤太铅锌矿区、小秦岭金矿区、镇柞旬多金属矿区等，单要素监测对象可为降雨量、固体废弃物堆放监测、地下水地表水水质监测等（表 3）。

表 3 重点矿区监测对象及要素

监测对象	监测要素
地下水环境	地下水水位、地下水水质、地下水水量、地下水流速
采空塌陷	地表形变、地下形变、岩土体含水率等
固体废弃物	固体废弃物种类、堆积面积体积、占用土地类型等

由省级部门统一编制重点矿区的监测方案，各级地方政府主管部门和矿山企业配合。监测方法和监测点的布置参照《矿山地质环境监测技术规程》（DZ/T 0287—2015）。

3.3 企业微观监测

矿山企业按照本矿山恢复治理方案所部署的监测工程进行微观监测，主要目的是动态掌握本矿山地质环境变化情况，保护矿区居民生命财产安全，保障矿山生产过程的安全以及保护本矿山生态环境。

企业微观监测是政府宏观监测的重要补充，主要针对政府宏观监测所监测不到的数据进行监测。

微观监测主要能获取的数据包括矿山基本情况及变化情况、矿山地质灾害基本情况及变化情况、矿区边坡微小变形情况、矿区地下水位变化情况、矿区水质变化情况、采空区变化情况、土壤环境变化情况、矿区地质环境恢复治理成效及资金投入情况等。可采用人工监测及仪器自动化监测的方式完成。

地表形变主要监测方法包括水准测量法、GPS 定位法、遥感影像监测、激光扫描法、测距法、测缝法、干涉雷达法、应变测量法等，监测仪器包括水准仪、全站仪、GPS 定位系统、高精度遥感影像、激光测距仪、钢尺、裂缝计、卡尺、高分辨率 InSAR 数据、光纤应变计等。

地下形变主要监测方法包括钻孔测斜法、瞬变电磁法、高密度电法、地震法、探地雷达法等，主要监测仪器包括自动钻孔测斜仪、多点位移计、电磁仪、电法仪、地震仪、探地雷达等。

地下水位监测方法包括人工监测和自动化监测，主要检测仪器包括测绳、测钟、万用表、温度计、自动监测及自动传输仪等。

水质及土壤环境监测方法包括现场测试法和采样送检测试法，主要监测仪器包括便携式测定仪、采样器、样品袋、添加药品、水样容器等。

单个矿山的监测方案按照本矿山恢复治理方案布置，监测方法和监测点布置参照《矿山地质环境监测技术规程》（DZ/T 0287—2015）。

3.4 矿山地质环境监测信息系统开发

依托科研院校单位，开发陕西省矿山地质环境监测信息系统，系统功能主要包括调查、监测数据的录入、查询、统计、分析功能，数据的导入导出功能，自动化监测数据的接收功能，实现矿山企业、县、市、省四级矿山地质环境监测数据联网和共享，另外要实现和国家要求数据格式的无缝对接（图 3）。

系统入口分为省级、市级、县级、重点矿山企业，分别设立账号，操作本辖区或本矿山监测数据的录入、汇总、查询、分析、上报等工作。

矿山企业主要职责为：做好本矿山内地质环境微观监测及数据上报工作，配合政府部门宏观监测点的建设和运行。

县级监测机构主要职能为：汇总审核本辖区矿山企业上报的监测数据并向市级监测部门上报，对本辖区闭坑矿山进行监测并填报数据。

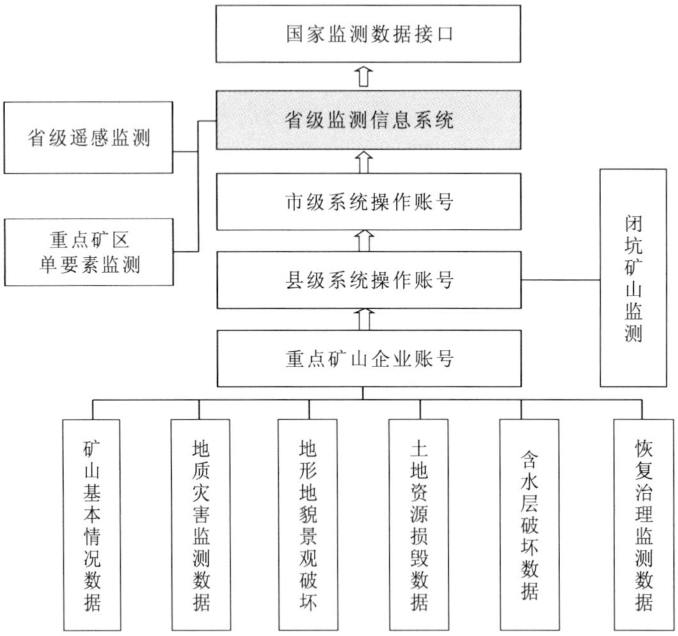

图 3　监测信息系统工作流程

市级监测部门主要职能为:汇总审核本辖区内所有县(区)上报的矿山地质环境监测数据并上报省级监测部门。

省级监测部门主要职能为:负责监测信息系统的运行和维护,审核市级监测部门上报的监测数据,负责全省宏观遥感监测工作以及重点矿区单要素监测工作,负责向国土资源部上报本省监测数据。

3.5　矿山地质环境监测基础数据库建设

以 2005 年以及 2013 年矿山地质环境调查数据库为基础,结合 2011 年至 2015 年矿山地质环境动态监测报表数据和矿山地质环境恢复治理方案数据,建立起陕西省矿山地质环境监测基础数据库,应该包括两类数据:

(1)空间数据。地理地形信息,地质及构造信息,矿山企业基本信息,矿山地质环境问题信息,遥感影像及照片等多媒体信息。

(2)属性数据。

企业基本信息:矿山开采矿种、矿类、开采规模、采矿证号、建矿时间、关闭时间、经济类型、企业法人、联系方式等。

矿山地质灾害信息:灾害名称、类型、位置、规模、发生时间、造成损失、威胁对象等。

地形地貌景观破坏:破坏方式、破坏程度、破坏面积、主要影响对象等。

土地资源损毁:损毁土地类型、损毁面积、损毁方式等。

含水层破坏:破坏含水层名称,地下水最大下降幅度、地下水下降盆地面积、泉流量、造成损失等。

矿山地质环境恢复治理:治理总面积、恢复土地类型、恢复土地面积、地质灾害防治措施、含水层恢复措施、治理资金投入等。

监测数据库也可作为矿山地质环境调查工作使用数据库,也可作为遥感监测的本底数据,通过监测信息系统平台,实现调查数据、遥感数据、人工自动化监测数据对数据库的动态更新。

4　结　论

矿山地质环境监测是生态文明建设的一个重要实现手段,对影响到国计民生以及社会关注热点问题的监测必须由政府主管部门主导，统一编制监测方案，部署监测工程，开发监测系统平台以及建立监测数据库，并通过各种手段实现数据库的年度动态更新。必须加强对矿山企业微观监测数据的审核，确保数据的真实有效，做到对政府宏观监测的有效补充。

参考文献

陈建平，范立民，杜江丽，等. 陕西省矿山地质环境治理现状及变化趋势分析[J]. 中国煤炭地质，2014，26(9)：54-56，64.

范立民，李成，陈建平，等. 矿产资源高强度开采区地质灾害与防治技术[M]. 北京：科学出版社，2016.

范立民，马雄德，冀瑞君. 西部生态脆弱矿区保水采煤研究与实践进展[J]. 煤炭学报，2015，40(8)：1711-1717.

范立民，马雄德，蒋辉，等. 西部生态脆弱矿区矿井突水溃沙危险性分区[J]. 煤炭学报，2016，41(3)：531-536.

范立民，向茂西，彭捷，等. 西部生态脆弱矿区地下水对高强度采煤的响应[J]. 煤炭学报，2016，41(11)：2672-2678.

范立民. 保水采煤的科学内涵[J]. 煤炭学报，2017，42(1)：27-35.

范立民. 论保水采煤问题[J]. 煤田地质与勘探，2005，33(5)：50-53.

李成，陈建平，杜江丽，等. 石灰岩开采区硬岩边坡复绿技术及其适用性[J]. 中国地质灾害与防治学报，2016，27(2)：149-153.

李成. 陕西韩城煤矿群采区矿山地质环境恢复治理对策分析[J]. 中国地质灾害与防治学报，2013，24(1)：40-45.

李永红，刘海南，范立民，等. 陕北榆神府生态环境脆弱区地质灾害分布规律[J]. 中国地质灾害与防治学报，2016，27(3)：116-121.

李永红，姚超伟，程晓露，等. 神府煤矿区矿山地质环境问题及恢复治理探讨[J]. 资源与产业，2015，16(6)：112-117.

马雄德，范立民，张晓团，等. 基于遥感的矿区土地荒漠化动态及驱动机制[J]. 煤炭学报，2016，41(8)：2063-2070.

任凌宇. 矿山地质环境数据库建设[J]. 河北省科学院学报，2006，23(1)：39-41.

任涛，丁鸿弼，蒋凡. 矿山地质环境监测预警信息系统中数据库的设计与功能分析[J]. 中国地质灾害与防治学报，2013，24(2)：97-101.

杨圣军，赵燕，吴泉源，等. 高分辨率遥感图像中采矿塌陷地的提取——以龙口矿区为例[J]. 地域研究与开发，2006，25(4)：120-124.

张进德，田磊，赵慧. 我国矿山地质环境监测工作方法初探[J]. 水文地质工程地质，2008，35(2)：129-132.

周进生，牛建英，张旭，等. 矿山遥感监测评估特点与指标体系[J]. 国土资源遥感，2014，26(2)：1-4.

论煤矿区地下水监测工程问题

陶　虹[1,2]，李　辉[1,2]，孙晓东[3]，李文莉[1,2]

（1.陕西省地质环境监测总站，陕西 西安 710054；
2.矿山地质灾害成灾机理与防控重点实验室，陕西 西安 710054；
3.陕西省国土资源厅地质环境处，陕西 西安 710068）

摘　要： 陕西省煤炭资源丰富，煤矿区水资源贫乏，采煤对水资源的影响显著，局部造成了地下水水位下降，水质恶化。为了保护煤矿区水资源和含水层结构，保护生态环境，在论述煤矿区主要含水层特征的基础上，提出了统筹规划、合理布局监测点的战略思想，统一监测技术标准，规范数据接收平台，加强对监测数据的研判应用，促进煤矿区地下水保护，为煤矿区生态文明建设提供基础依据。

关键词： 地下水监测；保水采煤；萨拉乌苏组；洛河组；奥灰水；国家地下水监测工程

0　引　言

长期以来，我国科技工作者提出了煤矿区矿井水防控利用的对策，研究了煤炭资源与水资源的赋存关系和特征，针对西部干旱半干旱环境，提出了保水采煤的理论与方法，分析了采煤对地下水循环的影响，制定了包括地下水在内的矿区地质环境监测规范，促进了煤矿区地质环境保护和生态文明建设。陕西省地下水监测 60 年来取得了海量监测数据，唯独对矿区地下水的监测仍然显得薄弱，尤其是煤矿区，高强度开采对地下水影响显著，地下水监测是矿区地下水资源保护必不可少的基础工作。目前，我省煤矿区地下水的监测站点少，监测站点分散在各企业或其他单位分散监管，没有发挥监测数据的应有作用。笔者分析了我省煤矿区地下水监测存在的问题，提出了完善监测站点、监测平台建设的构想，以期促进煤矿区地下水监测工程进展和西部矿区生态文明建设。

1　煤矿区地下水监测存在的问题

1.1　已形成区域地下水监测网络，但对环境地质问题高发区缺乏相应监控

目前陕西省开展地下水动态长期监测的有西安、宝鸡、咸阳、渭南、汉中、安康、榆林、铜川等 8 个市。截至 2015 年全省有各类地下水长期监测点 236 个，主要控制区域及主要城市地下水动态变化特征，其中国家级监测点 47 个，省级监测点 144 个，地区级监测点 45 个。水质监测点 102 个。监测点主要分布在全省 30 多个集中供水水源地，监测第四系松散层孔隙潜水和承压水（宝鸡市监测古近系和新近系浅层承压水）。监测区控制面积 1581km^2，占全省国土面积的 0.77%。未涉及煤矿开采区或其他环境地质问题高发区。

备　　注： 本文主要内容原载《陕西地质》2016 年第 2 期，收入本文集时有修改

基金项目： 国家地下水监测工程（国土资厅函〔2015〕278 号）

作者简介： 陶　虹（1968—），女，教授级高级工程师，长期从事水文地质、环境地质方面工作。E-mail：taohong681025@126.com

现有 47 处国家级监测点主要分布在渭河流域，监测项目包括水位、水质、水温等。采用测绳、测钟、万用表等，城市水位监测频率一般为 6 次/月，区域为 3 次/月；水质每年监测 1 次；水温、水量监测频率各监测点有所不同。由于主要对城市水源地及部分郊县或重要地区的地下水进行监测，在个别郊县实行群众观测。

据悉，澄合矿区建设有 10 余个监测点，主要由澄合矿业有限公司人工监测，测量数据主要是地下水水位，定期采取水样进行全分析。2008 年左右中国地质调查局西安地质调查中心开展陕北能源化工基地建设，保留了若干水文钻孔，监测地下水位。2013 年以来，陕西省地质调查院开展榆神府矿区采动损害调查等项目，在区内施工的水文数据孔，保留了 76 个钻孔监测地下水水位。华电小纪汗煤矿从 2015 年以来建设 5 个监测点，对矿业权范围内的萨拉乌苏组地下水位进行测量，也是人工测量。榆林市境内其他煤矿也建设有部分监测点，监测点分布、监测方法及监测内容不清。

1.2 监测手段落后，成本高、效率低、精度差

在监测手段方面，采用电测绳、皮尺、温度计、地下水自动监测仪等进行监测，测量内容包括地下水位、水温、水质等。在未安装自动化监测仪的站点，主要是雇佣当地村民进行手工测量，笔记本记录，定期将监测数据寄递我站，然后汇总使用。这样传统的手工监测方法，效率低、成本较高、精度差，存在人为误差，也存在资料丢失的风险，与目前的科学技术发展不对应。故必须逐步进行技术改造，促进监测自动化程度的提高。

1.3 监测成果未得到共享和有效利用

由于各种原因，我站近年来对监测数据束之高阁，未及时提供社会利用。尽管 20 世纪 80 年代的监测数据在大西安城市发展决策、自备井关闭和地面沉降控制等领域发挥了重要作用，但 1986 年后由于经费等原因，未公布监测数据。为此，我站对 1986 年以来的监测数据进行了梳理，出版了 3 本监测年鉴，提供全社会利用，充分发挥公益性地质工作的作用。但由于监测站点覆盖区域较小，监测数据的使用范围必然受到一定的限制，矿区、山区、缺水地区最需要监测数据的地方，却没有监测站点和数据。因此，急需完善监测网络，加密监测站点，对矿区等人类工程活动对地下水影响显著的地区，进行监测，防控地下水的不合理开采及人类工程活动影响，促进区域地下水资源的科学开发利用。

2 煤矿区地下水监测的主要含水层

根据我省煤矿区水文地质条件，监测含水层一般应具有供水意义或生态价值，据此，我省需要监测、保护的含水层主要包括第四系萨拉乌苏组含水层、白垩系洛河组含水层、侏罗系烧变岩含水层、奥陶系岩溶水含水层和其他零星分布的重要含水层。

2.1 第四系含水层

第四系含水层主要为萨拉乌苏组含水层，广泛分布于陕北神木、榆阳、横山等区县的松散含水层，是神东、陕北两大煤炭基地的主要含水层。岩性以中细砂、中砂为主，厚度变化较大，一般在侏罗系顶面为古沟槽区域，萨拉乌苏组厚度大，向分水岭处逐渐尖灭，厚度一般在 10m 以下。萨拉乌苏组的含水层厚度 10～50m（最大可达 160m 以上），渗透系数 0.02～10.96m/d，地下水位埋深 1.5～15m。接受大气降水补给，沿着侏罗系顶界面缓慢运移，在构造有利部位富集，形成强中等—强富水区。以下降泉的形式排泄，在毛乌素沙漠东缘一带形成了 541 处萨拉乌苏组泉（群），其中流量大于 10L/s 的泉有 62 处。这些泉是榆溪河（无定河）、秃尾河、窟野河等黄河支流的主要补给源，约占黄河中游补给量的 18%。目前，萨拉乌苏组含水层没有进行系统的地下水监测，零星的监测井是不同时期、不同单位建设的，标准不统一，数据分散在各有关单位。

另外，黄土裂隙含水层也是煤矿区的一个重要含水层，尽管富水性较弱，但在局部区域具有供水意

义，煤矿开采对其影响也是显著的，应该予以监测。

2.2 侏罗系烧变岩含水层

烧变岩含水层与萨拉乌苏组含水层一样，是神东、陕北煤炭基地的主要含水层，主要分布于窟野河、秃尾河沿岸的沟谷中，与萨拉乌苏组有密切的水力联系，接受大气降水和萨拉乌苏组地下水的补给，在神木县柠条塔、常家沟、大保当、大柳塔等区域形成中等—强富水的区域，含水层厚度最大为102.19m，一般为20～30m。烧变岩孔洞、裂隙发育，有利于地下水储存、运移，在地表水切割侵蚀到烧变岩含水层地下水位时，形成下降泉，以下降泉形式排泄。根据钻孔抽水试验，烧变岩富水区单井涌水量最大可达3191.96m^3/d，最大单位涌水量88.67L/(s·m)，渗透系数最大可达1631.30m/d。煤炭开发前，区内有烧变岩泉405处，这些泉多分布于沟谷沿岸，部分烧变岩泉受采煤影响流量衰减或干涸。烧变岩含水层地下水的水质多为HCO_3—Ca·Mg或HCO_3—Ca型水，矿化度最大0.299g/L，水质良好，是榆神府矿区宝贵的生态水源。

2.3 白垩系洛河组含水层

2.3.1 北部沙漠高原含水层

北部沙漠高原含水层分布在白于山以北沙漠高原，地形起伏较小。含水层系统以白垩系河流相的砂岩和砾岩为主，岩石呈半胶结状态，结构疏松，岩性单一，孔隙发育，泥质含量较少，沉积韵律不明显。在区域上没有连续稳定的隔水层，总体上构成大厚度(最厚达1000m以上)单一的含水层亚系统。大气降水为该系统地下水的主要补给源，地下水流向受地表水文系统控制，由地形较高的地表分水岭(东胜梁、四十里梁等)向盆地周边的都思兔河、摩林河、无定河和乌兰木伦河等水文系统汇集，以蒸发的形式向地表水系统排泄。因在区域上无稳定的隔水层，上部第四系地下水与下伏白垩系地下水水力联系密切，构成了巨厚的统一含水体。系统内大部分地区水质较好，矿化度一般小于1g/L，以重碳酸盐型水为主，西部和北部边缘地带水质较差，矿化度一般小于1～3g/L。总体上，白垩系含水层分布广、埋藏浅、厚度大，补给条件较好，地下水丰富，水质优良，是开发利用地下水的有利地段。

2.3.2 南部黄土高原含水层

南部黄土高原含水层分布于陕北黄土高原，自下而上依次为洛河含水岩组、环河含水岩组和罗汉洞含水岩组。洛河组含水介质为沙漠相的中细砂岩，含水层厚度为20～160m，埋藏深度为400～800m，结构疏松，孔隙率较高且连通性比较好，地下水赋存条件优越，为鄂尔多斯盆地南缘的主要含水层。在东部和南部边缘地带地下水水质较好，矿化度一般小于1g/L，其他地带为1～3g/L。

2.4 奥陶系岩溶水含水层

奥陶系灰岩含水层主要分布在渭北至府谷天则桥一带，含水层主要由巨厚的古生代奥陶系碳酸盐岩组成，裂隙及溶蚀裂隙是岩溶水的主要赋存空间。受构造和地貌控制，岩溶含水层埋藏深度各地差异很大，总体表现为北部较浅南部较深。奥陶系岩溶水除裸露区及其浅埋地段外，大部分地区以新近系黏土岩或碎屑岩为相对隔水顶板，为承压水。由于区内岩溶水连通性好，全区岩溶水位(水头)十分相近，标高基本在380m左右，本区岩溶水被称为“380”岩溶水。其赋存和富集主要受控于岩溶层的岩性、构造及水文网分布。由于古生界岩溶地层经历了多期构造和岩溶化作用，断裂构造及岩溶均比较发育，岩溶水丰富，中奥陶统峰峰组(O_2f)及上、下马家沟组(O_2m^1、O_2m^2)是富水性最佳的含水层，单孔涌水量为1000～3000m^3/d，最大可达$3\times10^4m^3$/d。本含水层为澄合、蒲白矿区煤系地层的底板，在建矿过程中凡在岩溶水位高程以下穿过含水层的井巷均有不同程度的涌水现象，地下水头高度受煤矿开采影响较大。

3 监测工程建设构想

2016年陕西省启动国家地下水监测工程，在全省范围内建设360孔地下水监测站点，监测点覆盖关中盆地、陕北鄂尔多斯盆地以及陕南山间盆地，主要监控300m以浅松散层地下水水位，实现了全省区域地下水主要开采段水位水质动态的有效监控。

但国家监测工程监测点对于煤矿开采对地下水位的影响监控不足。

陕西是一个煤矿大省，煤矿开发是我省国民经济的重要组织部分，由采煤导致区域地下水位下降等环境地质问题日趋严重，在某些地区已导致生态环境的不可逆破坏。开展煤矿区地下水动态监测，是系统定量地研究矿区地下水动态变化，提高矿业开发对地下水影响机理的认识，有针对性保护矿区地下水和生态环境的重要措施。

3.1 监测站点建设

我省煤矿开采区主要分布在陕北、渭北。受陕北煤炭开采影响较大的含水层为第四系萨拉乌苏组含水层、侏罗系烧变岩含水层以及部分白垩系洛河组含水层；受渭北煤炭开采影响较大的含水层为渭北东部奥陶系“380”岩溶水、渭北西部白垩系洛河组砂岩孔隙裂隙含水层。监测点的布置结合地貌分区、矿区分布、煤炭开采强度等，以独立地下水系统为单元布设。

陕北监测区：以监测第四系萨拉乌苏组含水层、白垩系裂隙孔隙含水层以及侏罗系烧变岩含水层为主。监测点分两个层次部署，第一层面为第四系萨拉乌苏组含水层和侏罗系烧变岩含水层，地下水位埋深10～50m，监测井深度20～80m，第二层面为白垩系洛河组裂隙孔隙含水层，监测井深度800～1200m。

渭北监测区：以监测奥陶系灰岩水位标高380m的岩溶含水层为主，主要监测澄合、蒲白、韩城、铜川矿区煤矿开采对地下水位的影响。监测点按岩溶水的补给、径流、排汇条件，分别部署在铜川耀县—蒲城袁家坡—合阳东王村一带。

黄陵—彬长监测区：以黄陵矿区、彬长矿区洛河组砂岩含水层为监测对象，主要监测煤矿开采对白垩系洛河组含水层地下水的影响。以黄陵矿区一、二号煤矿和彬长矿区大佛寺、下沟、胡家河等高强度开采区为中心，监测点由开采中心向外围辐射状布置，监测井深度800～1200m。

3.2 监测平台建设

建立省级煤矿开采区地下水动态数据处理平台，链接全省地质环境监测信息系统，面向地质环境监测业务应用和信息平台建设需求，构建统一的数据存储、管理、应用和服务平台，兼容基础地理、基础地质、综合研究等各种来源的多源、多尺度海量数据，实现煤矿开采区地下水动态监测数据的一体化存储、管理和服务，为地质环境监测信息服务提供数据支撑，最终实现地质环境监测数据的一体化服务体系，实现数据的一体化存储管理、动态更新、实时交换和数据资源的服务与共享。

4 结论与建议

(1)建议对高强度开发的府谷、神府、榆神、榆横、黄陵、彬长、澄合和韩城矿区地下水监测现状进行调查，掌握矿区地下水监测站点分布，评估监测站点布局的合理性，优化监测站点布设，完善监测网络。

(2)利用矿山企业地质环境恢复与治理工程费用，完善监测站点建设，实行统一标准、分级负责、企业主导、政府指导的建设原则，在短期内完成矿区地下水监测网建设。

(3)研发矿山地下水监测系统平台和软件，统一监测数据格式，实现煤矿区主要含水层监测的全覆盖和数据统一接收、分析和利用。

参考文献

范立民，马雄德，冀瑞君．西部生态脆弱矿区保水采煤研究与实践进展[J]．煤炭学报，2015，40(8)：1711－1717.

范立民，向茂西，彭捷，等．西部生态脆弱矿区地下水对高强度采煤的响应[J]．煤炭学报，2016，41(11)：2672－2678.

范立民．保水采煤的科学内涵[J]．煤炭学报，2017，42(1)：27－35.

范立民．论保水采煤问题[J]．煤田地质与勘探，2005，33(5)：50－53.

冀瑞君，彭苏萍，范立民，等．神府矿区采煤对地下水循环的影响[J]．煤炭学报，2015，40(4)：938－943.

陕西省地质环境监测总站．陕西省地下水位年鉴(1986—2000)[M]．武汉：中国地质大学出版社，2015.

陕西省地质环境监测总站．陕西省地下水位年鉴(2001—2010)[M]．武汉：中国地质大学出版社，2015.

陶虹，宁奎斌，陶福平，等．陕北典型风沙滩地区浅层地下水动态特征及对煤炭开采响应分析[J]．煤炭学报，2016，41(9)：2319－2325.

武强．我国矿井水防控与资源化利用的研究进展、问题和展望[J]．煤炭学报，2014，39(5)：795－805.

渭南市矿区地质环境综合治理研究

张锦玉，樊小宁

（渭南市国土资源局，陕西 渭南 715400）

摘　要：渭南市矿产资源丰富，煤、钼、金、石灰岩等是其主要矿产资源，长期资源开发在为地方经济和社会发展做出贡献的同时，也造成了严重的资源破坏、环境污染、生态恶化等一系列矿山地质环境问题。针对这些地质环境问题，渭南市国土资源局做了大量工作，取得了一些成效，但治理过程中还存在一些问题。通过综合分析，对今后的工作提出了一些建议和意见，和大家进行交流探讨。

关键词：渭南；地质环境；综合治理

1　概　况

目前，全市地质环境问题治理任务压力非常大。据统计，需要恢复治理的矿区面积达 131.76km^2，其中煤矿采空区 81.1km^2、金矿区 23.9km^2、石灰岩 22.36km^2，其他矿区治理面积 4.4km^2。近年来，我市各级政府及国土资源部门认真贯彻节约资源和保护坏境的基本国策，将矿山地质环境的保护和治理作为国土资源管理的一项重要内容，并取得了较好的成效。

一是制定了全市矿产资源开发保发展、治粗放保安全、治隐患保生态治污染行动计划（2016—2020），为我市资源的合理开发利用和矿山地质环境保护工作提出了明确目标和任务；渭北各采煤县（市）制定了《采煤沉陷区综合治理规划》，并按规划内容有计划组织实施。渭南“十三五”矿产资源规划、地质灾害防治规划都将矿山地质环境综合治理工作列为重要内容。

二是认真落实《陕西省绿色和谐矿山示范区建设试点工作方案》。对标看齐，大力实施国家级绿色矿山建设。2010 年以来，我市积极开展绿色矿山创建活动，引导企业按照绿色矿山发展模式建设和经营矿山，取得较好的效果。目前，全市已有金堆城钼业股份有限公司金堆城钼矿在内的 3 家矿山被评为国家级绿色矿山，陕西蒲白西固煤业有限责任公司等在内的 5 家矿山正在积极申报国家级绿色矿山。

三是加大执法力度，严厉打击非法违规开采行为。近年来，我们一方面完善矿产资源监督管理长效机制，加强矿山企业的日常监管。在全市各矿区，全面建立了以基层国土资源管理部门为主的动态巡查制度。聘请资质单位，建立了超层越界定期监测制度，县局月巡查，季度监测，市局每半年进行一次复测。对监测中发现的超层越界开采行为，要求第一时间上报，及时责令企业整改，逐步建立了矿山依法开采台账。在矿产资源大县组建了专业化的矿产资源执法队伍，实行军事化管理，划分了动态巡查区域，落实了巡查监管责任，实现了矿产资源违法行为早发现、快制止、严打击、强查处的目的，维护了健康有序的矿产资源开发秩序。另一方面旗帜鲜明地严厉打击超层越界开采、私采滥挖、掠夺式开采以及破坏环境等违规违法行为。近年来，全市先后组织开展了矿产资源领域的打非治违行动、小秦岭金矿区专项整治、秦岭北麓开山采石专项整治、唐帝陵保护区石灰石开采以及全市开山采石以及黏土砖厂等矿产资源专项整治行动，省市县政府先后组织了 20 多次整顿，整治工作成效显著。关闭了各类非法开采点 25 处，查处违法违规开采行为 68 起，严厉打击了各类违法违规行为，从源头上有效治理了矿业开发秩

作者简介：张锦玉（1964—　），女，陕西临潼区，工程师，从事地质环境管理工作。E-mail：2949720633@qq.com

序混乱的局面。

四是督促采矿权人编制并落实矿山地质环境保护与治理恢复方案，缴纳矿山地质环境恢复治理保证金。自国土资源部2009年发布《矿山地质环境保护规定》后，我们多次下发文件，要求采矿权人编制并落实矿山地质环境保护与治理恢复方案，缴存矿山地质环境治理恢复保证金。在我们的督促与指导下，省市发证的100多家矿山企业基本上编制了保护方案并按保护方案要求分年度进行综合治理，缴纳了环境治理保护金。

五是积极申报实施矿山地质环境综合治理项目。2004年至今，我市共成功申报了20个矿山地质环境恢复与治理项目，争取中省项目资金21.85亿元。其中煤矿采空区地质环境治理项目12个，争取到国家补助资金16.7亿元，金矿区地质环境治理项目6个，争取到国家补助资金4.66亿元。目前这些项目多数已完工，治理面积达6.93 km^2；潼关国家金矿区矿山地质公园建设项目、渭北各采煤深陷区利用农发行贷款资金开展采煤沉陷区地质环境综合治理项目等正在组织实施；渭南市石灰岩开采重点县市区（富平县、蒲城县、潼关县、华阴市、华州区）地质环境治理项目正在组织申报。韩城、蒲城正在探索采用多方合作的ppp模式，吸纳企业社会资金对采石引发的环境问题进行综合治理。

2　存在问题

2.1　矿产资源监督管理现有法律法规及有关政策不够完善

经过十多年的发展，我国矿业权市场建设模式已经基本形成并正常运转，但矿业权市场体系重准入轻退出的弊端依然凸显，在一定程度上影响了矿业权市场的健康发展。比如：探矿权人最低勘查投入要求较低，导致探矿权人不能按勘查实施方案完成勘查工作，个别探矿权出现圈而不探现象。个别采矿权存在多年不进行生产投入或生产活动以及生产规模不达标等问题。渭北的砖瓦砂石企业，多年来准入门槛过低，生产规模不达标，生产工艺简单、落后、粗放，造成“多、小、散、乱”局面，严重破坏了矿山生态环境。由于矿山环境治理恢复保证金制度不健全，造成有的采矿权保证金不能足额缴纳，有的甚至没有缴纳，有的虽缴纳了矿山环境恢复治理保证金但没有完全按照矿山环境恢复治理方案要求完成矿山地质环境恢复治理工作。

2.2　矿山环境恢复治理工作监管有待加强

矿山地质环境保护涉及矿产开发、生态重建、环境保护、安全生产等众多领域，矿山环境执法管理牵涉到国土、环保、农业、林业、安监等多个部门的职能，这种情况给矿山地质环境保护带来了一定的难度。县级矿山地质环境监管网络没有建立，监管体系不健全，多数矿山处于山区，监管难度较大。此外，企业的地质环境管理机构有待健全，特别是那些乡镇集体矿山和个体矿山，基本上都没有设置专门的管理机构。

2.3　矿山开采技术和治理手段有待提高

目前，我市大部分矿山的技术装备水平和集约化程度比较低，资源利用率不是很高，导致资源浪费，并造成矿山环境严重破坏和污染。由于矿山开采技术落后，一些矿山还在采用原始的开采方式，容易造成地面塌陷、崩塌、滑坡等地质灾害。同时，在矿山地质灾害防治和矿区土地复垦技术研究和引进方面还很薄弱。

2.4　治理资金来源渠道相对单一

资金不足是我市矿山地质环境治理的一个重要问题。根据我市矿山地质环境现状，治理所需资金量巨大，而近年来所投入的防治和治理资金21.85亿元中，多数为争取国家和省批准项目资金，地方政府企业投资相对较少，除此之外，未建立其他的融资渠道。

3 对矿山地质环境修复与治理的意见建议

我市加强生态环境综合治理工作部署，给矿山地质环境的保护和治理工作提出了更高更严峻的要求，因此，为了实现我市矿山地质环境保护和矿业经济发展相协调，进一步提高生态环境质量，提出如下建议。

3.1 完善矿业权退出机制

一是省政府尽快制定出台矿业权有效退出机制的相关政策，促进矿业权设置更加科学规范有序，使基层管理工作有法可依，有据可依。

二是对探矿权从设立到转采或退出制定严格的规范要求，包括最长年限、面积缩减、勘查程度、勘查成果以及对违法勘查等提出严格的要求。明确探矿权人以采代探及违法勘查多少次吊销勘查许可证，勘查、采矿许可证到期后多长时间不再办理延续登记等予以明确规定。

三是对禁采区内的矿业权提出明确的退出时间、退出要求及赔偿标准等；对矿山生产规模不达标、生产工艺落后、经济效益低下和对矿山环境破坏较大的矿山，要强制其立即退出，予以关闭。

3.2 健全制度，加强监管

(1)提高矿业权准入门槛。一是将勘查项目与探矿权人的资质条件挂钩，把成矿条件好、找矿潜力大的区域配置给有实力的大中型企业，将地质勘查工作交由资质程度高的勘查单位承担；二是新建采矿权必须研究论证其对生态环境的影响，提供矿山生态环境调查资料，环境影响评价报告、地质灾害危险性评估报告。矿山开采利用可行性论证方案中应包括水土保持方案、土地复垦实施方案、生态环境恢复治理方案，并按规定报有关部门审批。

(2)建立现有矿山生态环境保护制度。建立健全矿山生态环境保护的办法和管理体系。对现有矿山、在建矿山要求编制矿山生态环境保护专项规划，制定生态环境保护责任制，特别是在高易发区和中易发区内从事采矿活动的矿山，矿山在生产中必须做到边生产、边治理、边恢复。

(3)加强闭坑矿山生态环境恢复治理工作。对要求关闭的矿山完善矿山闭坑制度，严把闭坑报告的审查关，对未完成生态环境恢复治理的矿山不予批准闭坑报告，不予以核准或退还已缴纳的采矿权价款及矿山环境恢复治理保证金。

(4)强化矿山生态环境调查与动态监测。渭南市境内矿产资源开采历史悠久，矿山地质环境问题突出，高强度煤炭开采和工农业取水强度很大，使渭北＋380m 的岩溶水水位标高已经下降 20m 左右，水资源保护问题突出。通过强化矿山生态环境保护和动态监测工作，及时为矿山反馈信息，加强监管，从而使矿山水资源得到保护，实现保水开采，在生态环境恢复治理中发挥最大效益。

(5)建立联动机制，形成强大合力。建立村组、乡镇、基层所及县级矿山环境恢复治理监督管理网络机制，严肃查处乱采滥挖及破坏矿山生态环境或矿山环境恢复治理不到位等违法行为，重点对新建矿山或正在生产的矿山严格拧紧绿色矿山建设标准的要求，逐项对标看齐，依法设立，规范生产。

(6)健全矿山生态考核体系。制定矿产资源开发评价考核奖惩办法，将地质环境保护工作纳入各级相关部门及干部的政绩考核体系，对损害生态环境行为实行严格的问责制，鼓励矿山节约集约利用矿产资源，保护矿山生态环境。

3.3 突出重点，加大矿山地质环境恢复治理力度

根据矿山环境地质破坏的特点、分布及危害程度，重点对自然保护区、居民集中生活区和重要交通干线区域的矿山环境因地制宜地实施修复治理工程。如潼关金矿区环境治理、渭北采煤沉陷区综合治理项目的实施，以及渭南市石灰岩开采重点县市区(富平县、蒲城县、潼关县、华阴市、华州区)地质环境治理项目的申报等。治理工作坚持量力而行、注重效益的原则，根据实际情况，将有限的财力投向最需

要治理的矿山环境，做到既遵循生态、社会效益，又争取最大的经济效益。

3.4　多元融资，努力筹措矿山地质环境治理恢复资金

一是要继续加大向中省争取项目的力度。积极探索将工矿废弃地复垦利用试点项目与矿山地质环境治理项目相结合，促使两类项目同步推进，实现效益最大化。二是要加大政府投入力度。增加市、区两级政府治理矿山地质环境的资金，并建立矿山地质环境恢复治理基金。三是规范矿业权人的投入。运用法律等手段，督促矿业权人严格执行矿山地质环境恢复治理保护方案，切实履行恢复治理义务。在合理开发利用矿产资源的同时，做好矿山地质环境的恢复与治理工作。探索利用开山采石资源整合之机，通过整合区公开出让，将出让资金一部分用于矿山环境恢复治理工作。四是要鼓励社会资金的投入。应按照"谁投资恢复治理、谁受益"的原则，出台相应的优惠政策，鼓励和吸引社会资金参与矿山环境恢复治理，构建政府、企业、社会共同参与的恢复和综合治理新机制。

3.5　加强宣传，不断提高全市矿山地质环境保护意识

通过深入开展"世界地球日"宣传活动、召开研讨会、举办培训班等多种形式，广泛宣传《矿产资源法》《土地管理法》《地质灾害防治条例》《矿山地质环境保护规定》等相关法律法规，大力普及矿山地质环境保护和地质灾害防治知识，增强各级政府和干部群众加强矿山地质环境保护的责任意识，正确处理好保护环境和发展经济的关系；加大宣传培训力度，借鉴绿色矿山的生产模式，引导矿山企业走绿色矿山发展之路。要充分调动矿业权人的积极性，提高矿业权人保护地质环境的自觉性、主动性，积极争取群众的理解和支持，在全社会形成保护矿山地质环境的良好氛围。

参考文献

陈建平，范立民，杜江丽，等. 陕西省矿山地质环境治理现状及变化趋势分析[J]. 中国煤炭地质，2014，26(9)：54－56，64.

范立民，李成，陈建平，等. 矿产资源高强度开采区地质灾害与防治技术[M]. 北京：科学出版社，2016.

范立民，向茂西，彭捷，等. 西部生态脆弱矿区地下水对高强度采煤的响应[J]. 煤炭学报，2016，41(11)：2672－2678.

李成，陈建平，杜江丽，等. 石灰岩开采区硬岩边坡复绿技术及其适用性[J]. 中国地质灾害与防治学报，2016，27(2)：149－153.

陕西省国土资源厅. 陕西省地质环境公报(2014 年度)[R]. 西安：陕西省国土资源厅，2015.

陕西省国土资源厅. 陕西省国土资源公报(2013 年度)[R]. 西安：陕西省国土资源厅，2014.

陕西省国土资源厅. 陕西省国土资源公报(2015 年度)[R]. 西安：陕西省国土资源厅，2016.

张进德，田磊，赵慧. 我国矿山地质环境监测工作方法初探[J]. 水文地质工程地质，2008，35(2)：129－132.

陕西省矿产资源开采强度分区研究

陈建平[1,2]，李　成[1,2]，宁建民[1,2]，杜江丽[1,2]，郑苗苗[1,2]

(1.陕西省地质环境监测总站，陕西 西安 710054；
2.矿山地质灾害成灾机理与防控重点实验室，陕西 西安 710054)

摘　要： 目前陕西省查明各类矿产138种，查明资源储量的91种，全省已开发利用的矿产114种。矿产资源的高强度开采引发了一系列的矿山地质环境问题，如引发地质灾害、造成地下水均衡破坏、地形地貌景观影响与破坏、占用破坏土地资源、矿山"三废"产生的环境污染等。调查了全省矿山开发现状，研究了矿产资源开发强度，进行了开采强度分区，共划分榆神府煤炭高强度开采区、勉县-略阳-宁强多金属高强度开采区、小秦岭金钼矿高强度开采区等11个高强度开采区，部分区域开采强度已经超出了环境承载力。研究了矿区地质灾害的发育类型，分为顶板塌陷诱发型、采空区变形诱发型、采矿废渣堆积型和露天采矿边坡诱发型4种。提出了适度开发矿产资源的建议。

关键词： 高强度开采；地质灾害；分区研究；适度开发；陕西省

0 引　言

陕西省矿产资源丰富，矿产资源分布区域性强。全省查明发现各类矿产138种，查明的资源储量91种，全省已开发利用的矿产114种，其中能源矿产7种，黑色金属矿产4种，有色金属矿产10种，贵金属矿产2种，冶金辅助原料非金属矿产9个，化工原料非金属矿产12种，建材、非金属及其他矿产70种。矿业开发为经济发展做出巨大贡献的同时，高强度的矿产资源开采也引发了大量矿山地质环境问题，影响了社会经济发展。近年来保水采煤技术应用有效解决了生态脆弱煤矿区高强度开采造成的地下水均衡破坏问题，减轻了采空区地面塌陷对地表构筑物的破坏，不仅保护了矿区生态环境和居住环境，还能保障矿区及周边群众的生产生活用水问题。

1 陕西矿产资源开采强度及分区

1.1 陕西矿产资源开采强度

矿产资源的开采强度是反映矿床开采的综合性指标，综合反映回采工艺、回采组织与回采管理的水平。由于陕西省的地域特点，矿产资源分布地域性很强，陕北地区主要以煤炭资源为主，关中地区以煤炭、金属矿产及石灰岩矿等非金属矿为主，陕南地区主要以金属矿产及非金属矿产为主。目前对于煤炭资源的高强度开采强度已提出了概念及指标体系，而金属矿山及非金属矿山的开采强度还没有相关的研究。

基金项目： 国家重点基础研究发展计划(973计划)(2013CB227901)；中国地质调查局"西北地区矿产资源集中开采区矿山地质环境调查"(1212011220219)项目

作者简介： 陈建平(1987—)，男，陕西石泉人，工程师，主要从事矿山地质环境保护与地质灾害防治工作。E-mail：582941450@qq.com

范立民(2014)按照单位面积范围内开采区(采空区)占比,将开采区划分为高强度开采区、中强度开采区和低强度开采区。对于金属矿山的开采强度目前还没有统一的定义,金属矿床的开采强度是指矿床开采的快慢程度。当矿体范围及埋藏条件一定时,矿体的开采强度取决于开拓、采准和切割的连续性以及回采强度,常采用回采工作年下降深度和开采系数作为开采强度的指标。对露天开采金属及非金属矿山的开采强度,类比于煤炭资源开采强度的定义,将以平面上开采面积占比大、空间上开采高度大、时间上开采速度快为特点的开采区域称为露天开采金属及非金属矿高强度开采区。

1.2　陕西矿产资源开采强度分区

根据矿产资源高强度开采的特点,将全省划分为榆神府煤炭高强度开采区、榆横煤炭高强度开采区、子长-宝塔煤炭高强度开采区等 11 个高强度开采区;富县牛武-直罗煤矿区、渭北石灰岩矿区、秦岭北坡建筑用石料矿区、秦巴山区小型金属矿区等 18 个中强度开采区和 1 个低强度开采区。本文仅对高强度开采区进行叙述(图 1)。

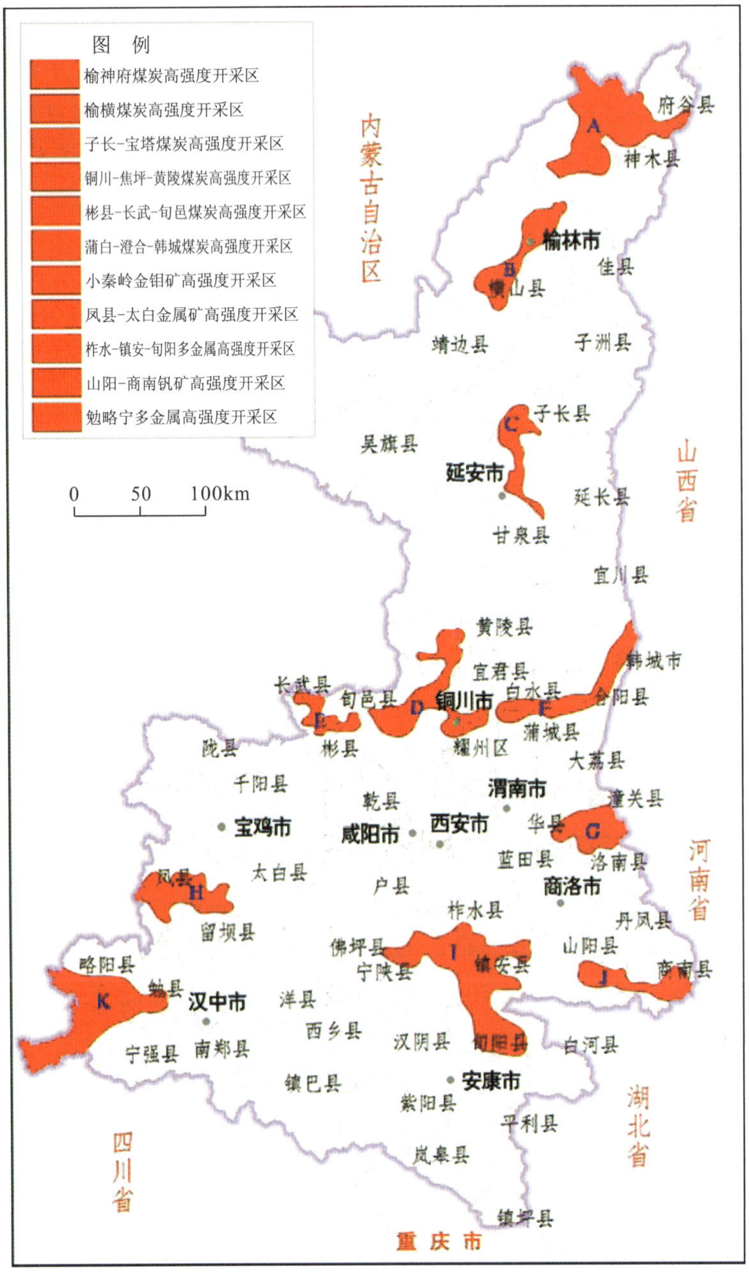

图 1　陕西省高强度开采区分布

1.2.1 榆神府煤炭高强度开采区

该开采区分布于榆阳区牛家梁镇、神木北部、府谷新民及海则庙一带，面积约 3931.51km²。主要开采煤炭，区内共有矿山 204 座，其中煤矿 140 个(大型 46 个，中型 59 个，其余为小型)，建材类矿山 64 个。煤矿开采方式以井下开采为主，个别煤矿为露天开采。区内煤矿大多矿井为长壁综采、长壁垮落法、条带式采矿法。目前榆神府区设计能力为 100Mt/a 的矿井采高均大于 4.50m，且煤层埋深较浅，工作面长度 200～450m，推进长度 2000～6700m，均属于空间高强度开采类型。部分矿井鉴于生态水位保护目标，采用了限高开采。如榆树湾煤矿(设计能力 8Mt/a)2^{-2}煤层厚 11m，开采高度 5.50m，开采上分层。而大柳塔(设计能力 20Mt/a)、哈拉沟(设计能力 10Mt/a)、榆家梁(设计能力 17Mt/a)、红柳林(设计能力 12Mt/a)、柠条塔(设计能力 10Mt/a)等煤矿，则全部是一次采全高，采高 4～7m，多数 5m 左右，对于薄煤层分布区，如榆家梁煤矿 4 号煤层开采区，煤层厚度 0.70～1.50m，则一次采全高，不留顶底煤，工作面回采率达到 90%以上，同一区域叠加了上部 2^{-2}、3^{-1}煤层的高强度开采，同时重复采动会加剧覆岩破坏强度，使岩层与地表移动活化，属于高强度开采区。

1.2.2 榆横煤炭高强度开采区

该开采区分布在横山区韩岔乡—波罗堡乡一带，面积约 401.27km²。主要开采侏罗纪煤层，区内有矿山 19 个，其中煤矿 17 个(中型 10 个，小型 7 个)，主要为井下开采；砖瓦用黏土矿 2 个。区内各个煤矿矿井的设计能力总和达 8Mt/a，采高 1.3～3.4m，为多煤层开采，工作面长度 120～200m，推进长度 1100～2000m，大多采用长臂式炮采开采，全部垮落顶板管理方式，属于空间高强度开采类型。

1.2.3 子长-宝塔煤炭高强度开采区

该开采区位于子长县栾家坪镇—宝塔区蟠龙一带，面积约 436.21km²。主要开采煤和建材非金属矿，煤矿为井下开采。区内有矿山 20 个，其中煤矿 7 个(大型 3 个，中型 3 个，小型 1 个)，砖瓦黏土矿 12 个，建筑用砂矿 1 个。区内各个煤矿矿井的设计能力总和达 8.4Mt/a，采高 0.5～2.9m，为多煤层开采，工作面长度 100～200m，推进长度 1200～3000m，大多采用长壁综采采煤法、长壁式机械化开采、长臂式炮采采煤法，全部垮落顶板管理方式，属于面积高强度开采类型，划分为高强度开采区。

1.2.4 铜川-焦坪-黄陵煤炭高强度开采区

该开采区分布铜川市的黄堡镇—红土镇—太安镇—耀州区庙湾，黄陵县中部苍村乡—腰坪乡—双龙一带，面积约 1775.96km²。铜川矿区主要开采石炭纪、二叠纪煤层，焦坪、黄陵矿区主要开采侏罗系煤层，主要为井下开采，区内有矿山 123 个，其中煤矿 85 个(大型 9 个，中型 8 个，其余为小型)，建材及其他非金属矿山 38 个，均为小型。区内煤矿的设计生产能力为 32Mt/a，采高 1.65～9.0m，为多煤层开采，工作面长度 120～300m，推进长度 1200～3000m，大多采用壁式机械化综采开采，全部垮落顶板管理方式，均属于空间高强度开采类型。其他矿山为露天开采，开采规模约 2Mt/a，开采方式多为自上而下水平分层开采，其平面上开采面积占比大，空间上开采高度大，时间上开采速度快，因此划分为高强度开采区。

1.2.5 蒲白-澄合-韩城煤炭高强度开采区

该开采区分布于桑树坪镇—新城街办，合阳百良至白水县西界，面积 1896.54km²。主要开采石炭纪、二叠纪煤层，其次为建筑石料用灰岩等建材矿产。区内有矿山 165 个，其中煤矿 80 个(大型 5 个，中型 8 个，其余为小型)，建材及其他类矿山 85 个，为小型。区内煤矿的设计生产能力总和达 27Mt/a，采高 1.9～8.2m，为多煤层开采，工作面长度 100～250m，推进长度 1000～3000m，大多采用壁式机械化综采开采，全部垮落顶板管理方式，属于空间和面积高强度开采类型。除铁矿外其他矿山为露天开采，生产能力总和约 8Mt/a，开采方式多为自上而下水平分层开采，其平面上开采面积占比大，空间上开采高度大，时间上开采速度快，因此划分为高强度开采区。

1.2.6 彬县-长武-旬邑煤炭高强度开采区

该开采区分布在长武县亭口镇—彬县炭店乡—旬邑县张洪镇一带，面积 686.32km²。开采侏罗纪煤层，为井下开采。区内有矿山 64 个，其中煤矿 29 个（大型 11 个，中型 3 个，其余为小型），砖瓦用黏土矿 35 个，全部为小型。区内煤矿的设计生产能力总和达 40Mt/a，采高为 2.3～18.9m，为多煤层开采，工作面长度 150～250m，推进长度 1100～2500m，大多采用分层综采放顶煤开采、长壁式机械化综采开采，全部垮落顶板管理方式，属于空间和面积高强度开采类型。

1.2.7 柞水-镇安-旬阳多金属高强度开采区

该开采区位于柞水县东川镇—下梁镇，镇安县青铜关，旬阳县甘溪—关口镇一带，面积约 1678.9km^2。主要开采铁矿、银矿、铅锌矿等金属矿产，区内有矿山 87 个，其中金属矿山 58 个，建材及其他类矿山 29 个。按照生产规模划分，其中大型 7 个，其余为小型，金属矿山为地下开采，非金属生产矿山为露天开采。区内矿山生产能力总和约 21Mt/a，地下开采矿山多采用浅孔留矿法、房柱采矿法、分段空场采矿法，其回采工作年下降深度大，开采系数大，回采强度大，因此划分为高强度开采区。

1.2.8 山阳-商南钒矿高强度开采区

该开采区分布于山阳县中村—商南县湘河镇，面积约 920.99km^2。区内有矿山 49 个，主要开采钒矿、铁矿等，其中钒矿 26 个，铁矿 6 个，建材及其他类矿 17 个，其中大型 7 个，中型 3 个，其余为小型，金属矿山为地下开采，其他为露天开采。区内矿山生产能力总和约 3.5Mt/a，多采用浅孔留矿法、房柱采矿法、分段空场采矿法，其回采工作年下降深度大，开采系数大，回采强度大，因此划分为高强度开采区。

1.2.9 勉略宁多金属高强度开采区

该开采区分布在略阳、勉县、宁强三县交会处，面积 1220.85km^2。区内矿山 69 个，其中金属矿山 42 个，非金属生产矿山 27 个。其中，大型 10 个，中型 10 个，其余为小型，金属矿山为地下开采，非金属生产矿山为露天开采。区内矿山生产能力总和约 5Mt/a，多采用浅孔留矿法、房柱采矿法、分段空场采矿法，其回采工作年下降深度大，开采系数大，回采强度大，因此划分为高强度开采区。

1.2.10 凤县-太白金属矿高强度开采区

该开采区位于凤县南星—双石铺—太白县太白河镇，面积 1186.43km^2。共有矿山 61 个，主要开采铅锌矿。金属矿山 43 个，建材及其他类矿山 18 个，除铅、锌、金矿外其他均为露天开采。区内矿山生产能力总和约 2.1Mt/a，多采用浅孔留矿法、房柱采矿法、分段空场采矿法，其回采工作年下降深度大，开采系数大，回采强度大，因此划分为高强度开采区。

1.2.11 小秦岭金钼矿高强度开采区

该开采区位于潼关县与华阴市南部、华州区金堆城、洛南县北部一带，面积 686.22km^2。主要开采金矿和钼矿。区内现有矿山 57 个，其中金矿 40 个，以中小型为主，钼矿 10 个，建材及其他类矿山 7 个，除金属矿为地下开采外，其他均为露天开采。区内矿山生产能力总和约 3.5Mt/a，地下开采多采用浅孔留矿法、房柱采矿法、分段空场采矿法，其回采工作年下降深度大，开采系数大，回采强度大，因此划分为高强度开采区。

2 高强度采矿区地质灾害发育特点

根据高强度开采的特点，按照其发育机理可将矿区地质灾害发育类型分为 4 种：顶板塌陷诱发型、采空区变形诱发型、采矿废渣堆积型和露天采矿边坡诱发型。

2.1 顶板塌陷诱发型

主要发生在浅埋煤层高强度开采区，如榆神府矿区目前开采的煤层，埋深多小于 150m，高强度开采后，顶板直接冒落，造成地面塌陷、地裂缝发育（图 2），导致地下水渗漏，水位下降，生态环境破坏，并造成地表建（构）筑物损毁（图 3）。这种类型在陕北、彬长煤矿区广泛分布。另外，金属矿区的一地多层开采即所谓“楼上楼”开采也容易造成塌陷，引发灾害。

图 2 开采引发地裂缝

图 3 地面塌陷损坏居民房屋

2.2 采空区变形诱发型

与顶板塌陷诱发型类似，在开采深度中等或大的区域，高强度开采造成覆岩变形、弯曲，并引发地面塌陷裂缝。在地势平坦的区域，地表最明显的移动和变形是产生沉陷裂缝、陷落坑等，在山区条件下，地表的移动和变形除具有一般的地表移动形式外，还可能存在滑坡和崩塌两种形式。据调查，全省发现崩塌及隐患点 99 处，其中 94 处是由于地下采空区变形诱发的，例如 1995 年发生于陕西澄合董家河煤矿的西河村崩塌。现场调查发现全省因采矿活动发生滑坡及隐患 78 处，其中 74 处是由于地下采空区变形诱发的。主要集中分布于府谷、黄陵、铜川、彬县-旬邑煤矿区，凤县、略阳-宁强金属矿区，如 2003 年 9 月 23 日，宁强锰矿发生中型滑坡，造成 4 人死亡(图 4)。

图 4 采空区引发滑坡

2.3 采矿废渣堆积型

由于采矿废土石、矸石、选矿尾矿渣等固体废弃物不合理堆放，挤占沟道，堵塞河道，造成行洪不畅，在一定的水动力条件下，导致堆渣移动或滑移、崩塌从而产生泥石流。矿山废渣堆放在狭窄的沟谷和高陡的斜坡上，发生泥石流的形式多以沟谷泥石流为主，坡面泥石流次之。除了暴雨引发外，采矿爆破、矿震、采空塌陷等也会引发泥石流。

在秦巴山区、小秦岭金矿区、凤县-太白金属矿区，开采过程中产生大量矿渣，在沟道中堆积，违规堆放的不安全尾矿库，均形成泥石流物源，加之降雨量大，在暴雨季节会形成泥石流。据调查，全省矿区共有泥石流及隐患点 66 处，均为采矿废渣堆积引起。如 1994 年 7 月暴雨引发潼关金矿区特大泥石流灾害，51 人死亡，上百人失踪，直接经济损失上亿元。1996 年 8 月东桐峪发生大规模矿渣型泥石流灾害，2010 年潼关金矿区蒿岔峪“7 · 23”泥石流造成 8 人死亡，4 人受伤(图 5、图 6)。

2.4 露天采矿边坡诱发型

在露天开采过程中，边坡局部地段岩体节理、裂隙发育，岩性较差，随着开采的延深，边坡暴露面积增大，暴露时间延长，加之人类工程活动的影响，造成坡体前缘形成凌空面，破坏了边坡的原有应力分布，造成边坡开裂、塌陷及大面积滑坡。这些露天采矿边坡诱发型地质灾害多发生于石灰岩或砖瓦黏土露天开采区，露天边坡失稳常导致滑坡、崩塌发生。调查发现的崩塌及隐患点 99 处，其中 5 处是由于露天采矿边坡诱发形成的。滑坡及隐患 78 处，其中 4 处是由于露天采矿边坡诱发形成的。如 2011 年 9

图 5 潼关西峪泥石流

图 6 潼关金矿区蒿岔峪泥石流

月 18 日灞桥席王街办造成 32 人死亡的滑坡(图 7)。

图 7 露天采矿边坡滑坡

3 适度开发矿产资源建议

要结合区域的自然环境和地质环境承载力合理规划生产能力，矿产资源开采强度应与环境承载力相适应，最大限度降低矿区地质灾害的发生，在环境承载力范围内开发矿产资源。对于高强度开采区，其开采强度严重超过了区域的地质环境承载力负荷，应该适当放缓未开发矿区的建设步伐，尤其是榆神府煤炭高强度开采区、勉县-略阳-宁强多金属高强度开采区未划定矿区的范围的，建议暂缓开发。对于煤层埋藏浅、采动损害大的区域，减小开采强度；对于榆林西部煤层埋深适度的区域，建设 2～3 处大型煤矿；改进采矿方法，如对于煤矿，采用限高开采、充填开采、间歇式开采方法等，控制采动损害，减轻地质灾害发育强度。

对于中强度开采区，其资源储量较大，目前的开采规模相对较小，还未超过区域地质环境承载力负荷，建议保持目前的开发强度，对于中强度开采区内环境承载力相对高的区域，可适当提高开采强度，但不宜超过地质环境承载力负荷，如宁陕-佛坪县金属矿中强度开采区，山阳县-商南县金属矿中强度开采区。

低强度开采区一般矿产资源赋存较少，且一般接近城市周边，其环境承载力相对较低，建议保持目前开发强度，对城市发展有影响的开采区，建议停止采矿活动或者禁止设置矿权。

4 结 论

(1)进行全省矿产资源开采强度分区，将全省矿产资源开采区划分为 11 个高强度开采区、18 个中强度开采区和 1 个低强度开采区。

(2)研究了矿产资源高强度开采区地质灾害的致灾机理，提出 4 种矿区地质灾害成因模式：顶板塌陷诱发型、采空区变形诱发型、采矿废渣堆积型和露天采矿边坡诱发型。

(3)结合矿产资源开发现状，分析了矿产资源高强度开采存在的问题，提出了适度开发建议。

参考文献

陈建平，范立民，杜江丽，等. 陕西省矿山地质环境治理现状及变化趋势分析[J]. 中国煤炭地质，2014，26

(9):54 - 56,64.

陈建平,范立民,李成,等.基于模糊综合评判和GIS技术的矿山地质环境影响评价[J].中国煤炭地质,2014,26(2):43 - 48.

陈建平,范立民,李成,等.秦巴山区矿产资源开采区地质灾害致灾模式研究[J].灾害学,2016,31(3):110 - 113.

陈建平,李成,杜江丽,等.秦巴山区矿产资源开采区地质灾害发育机理研究[C]//秦巴山区地质灾害与防治学术研讨会论文集.武汉:中国地质大学出版社,2016:74 - 79.

范立民,马雄德,冀瑞君.西部生态脆弱矿区保水采煤研究与实践进展[J].煤炭学报,2015,40(8):1711 - 1717.

范立民,马雄德,李永红,等.西部高强度采煤区地质灾害现状与防控技术[J].煤炭学报,2017,42(2):276 - 285.

范立民,向茂西,彭捷,等.西部生态脆弱矿区地下水对高强度采煤的响应[J].煤炭学报,2016,41(11):2672 - 2678.

范立民,张晓团,向茂西,等.浅埋煤层高强度开采区地裂缝发育特征[J].煤炭学报,2015,40(6):1442 - 1447.

范立民.论保水采煤问题[J].煤田地质与勘探,2005,33(5):50 - 53.

范立民.榆神府区煤炭开采强度与地质灾害研究[J].中国煤炭,2014,40(5):52 - 55.

徐友宁,陈社斌,袁汉春,等.潼关金矿区矿渣型泥石流熵权评价[J].地质科技情报,2006,25(5);101 - 104.

杨敏.影响小秦岭金矿区矿渣型泥石流形成的主要因素研究[D].西安:长安大学,2010.

杨天鸿,张锋春,于庆磊,等.露天矿高陡边坡稳定性研究现状及发展趋势[J].岩土力学,2011,(5):1437 -1451,1472.

郑禄璟,郑禄林,常晓娜,等.露天边坡稳定性影响因素分析及防治措施[J].金属矿山,2014,(2):131 - 136.

某铬盐老渣场土壤污染调查评价与修复研究

张建军[1,2]，张全贵[3]，茹建国[1,2]

（1.陕西省地质环境监测总站，陕西 西安 710054；
2.矿山地质灾害成灾机理与防控重点实验室，陕西 西安 710054；
3.陕西地矿综合地质大队，陕西 渭南 714000）

摘　要：某生产铬盐的化工厂由于前期技术生产工艺的限制，生产过程中产生了大量的重金属铬渣露天堆放，在渣场造成了土壤六价铬污染。通过对老厂区及老渣场的水文地质及土壤六价铬含量调查，本文分析了土壤铬污染源，划定了污染范围、污染程度，并进行了初步评价，提出了治理措施。

关键词：土壤污染；六价铬；评价；修复

1　老渣场区概况

某化工厂位于县河支流任家沟中部左侧河谷二级阶地，通过焙烧工艺生产铬盐产品，生产过程中有大量的铬渣产生。由于前期落后的生产工艺，铬渣大多堆放在无防扬散、无防流失、无防渗漏措施的露天场地内（老渣场），多年堆积体积超过 $1.25\times10^4 m^3$，面积超过 $4000m^2$。目前遗留铬渣已经于 2011 年全部清理，但是由于上部土壤及包气带的严重污染，随着降雨淋滤作用的继续，构成了土壤主要污染源。六价铬影响植物根和叶的发育，破坏人体神经系统、免疫系统、骨骼系统等。

2　地质环境条件

2.1　地形地貌

老渣场处于低山丘陵区河谷阶地地貌区，地势较突出的河间小丘，距离老厂区约 500m，相对于河床高差大于 40m，场地高程在 440～448m 之间，高于任家沟沟谷底部 20～30m。

2.2　地层及岩性

老渣场及老厂区地层出露上部为全新统的人工填土，下部为上更新统的河流冲积的漂砾卵石层混粉质黏土、粉质黏土层，下伏基岩为泥盆系青石垭组的变质岩。任家沟谷底为全新统冲洪积的卵石、粉质黏土，在山坡的缓坡地带覆盖全新统坡积土。

3　水文地质条件

3.1　水文地质结构

地层上部主要为河床二级阶地冲洪积黏性土、卵石层，上覆更新统坡积碎石土，泥盆系变质岩构成

作者简介：张建军（1962—），男，工程师，长期从事水工环地质监测工作。E-mail：1412099919@qq.com

基底。泥盆系变质岩根据风化程度可划分为强风化、弱风化及微风化带，其中构成主要含水层为强风化带，弱风化过渡至微风化带构成隔水层。地下水赋存于卵砾石孔隙及强风化带裂隙中，由于漂砾卵石含大量的粉土、粉质黏土，透水性较下部微风化带裂隙水差，地下水主要接受侧向补给，向河谷排泄，局部以下降泉的形式排泄，径流类型为汇流型，水位相对平缓，以水平交替为主，水位埋深为 11～14m。

3.2 地下水富水性

根据钻孔抽(提)水试验及民井抽(提)水试验的资料参数计算，所换算成的统一口径涌水量，分别为 0.41m^3/d、11.1m^3/d，技改区第四系松散孔隙水与风化裂隙孔隙水潜水含水层富水性皆属于弱富水，基岩构造裂隙水含水层属于极弱富水。

4 土壤污染现状

土壤污染途径分为两种方式，其一为(机械污染)废渣直接与土壤混合污染(老渣场及道路)，其二为(化学迁移)老渣场及老厂区经地下水携带污染物间接污染(县河河谷谷坡及任家沟沟坡)。分别在钻孔及地表采取了土壤样品，对土壤污染在垂向和平面分布情况进行了分析，如图 1 所示。

本次调查在老渣场及老厂区钻孔不同深度采取了原状土样，进行了毒性浸出试验，老渣场及老厂区浸出六价铬检测结果在深度上的变化曲线见图 2。在老厂区、老渣场周围地表浅层采取了土样 12 组，每组样品在 0.2～0.6m 的深度范围采取了平行样，对表层土壤的六价铬进行了检测，见表 1。

从图 2 可以看出：钻孔中土样六价铬含量从地表到地下具有由小到大，在逐步减小的趋势，六价铬含量最大达 6541.74mg/kg(老渣场 ZK6)；从表 1 可以看出，六价铬的污染主要位于老渣场区，浸出铬

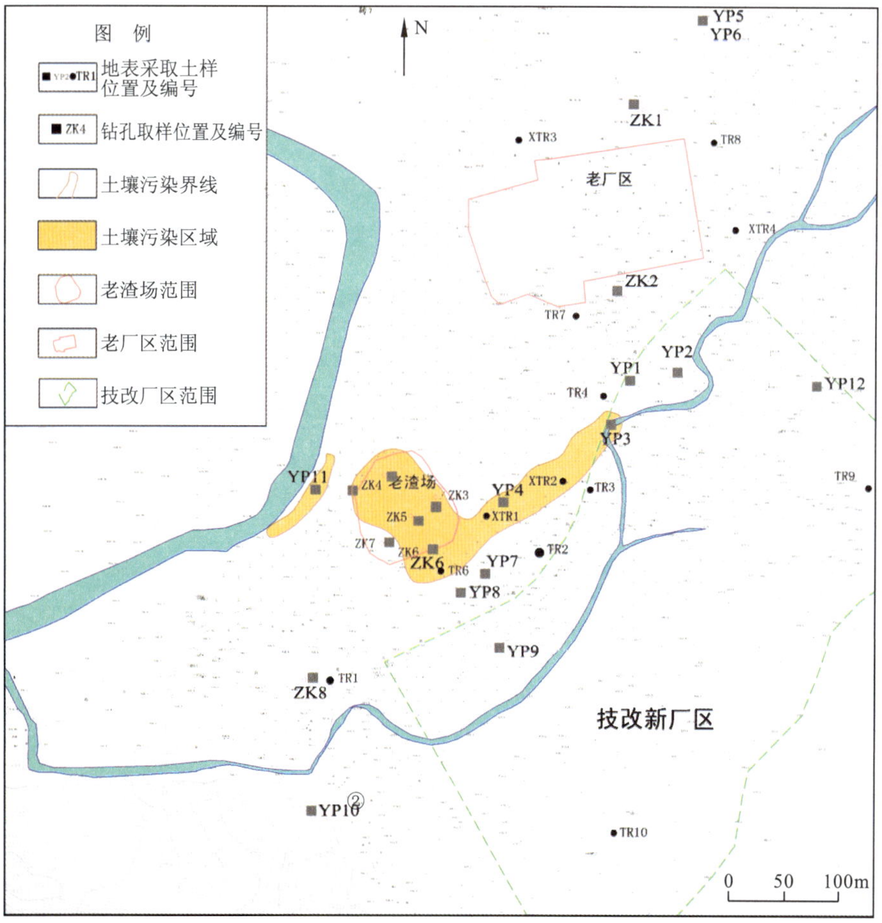

图 1 根据土壤单项六价铬含量绘制的老渣场区土壤污染图

含量为 0～16 014.89mg/kg，在老厂区周围较低，老厂区及老渣场区经地下水淋滤入渗在县河及任家沟谷坡渗出的土壤六价铬含量增大（YP11 地表六价含量铬 16 014.89mg/kg、YP3 地表六价铬含量 2617.35mg/kg）。

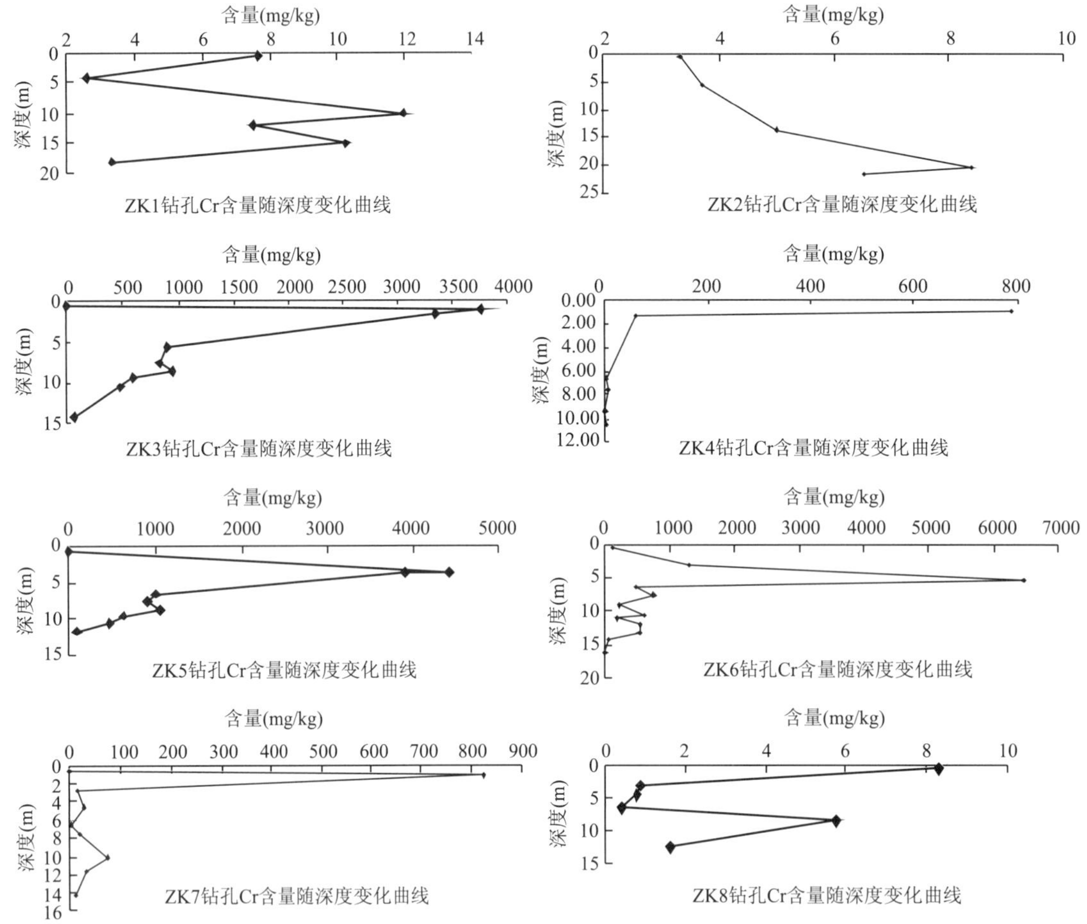

图 2　老渣场区钻孔深度上的铬盐浸出曲线图

表 1　老渣场区及老厂区地表采样点浸出毒性（六价铬）

采样点编号	浸出毒性（mg/kg）	二级标准≤250（mg/kg）	位置及污染方式
YP1	322.04	超标	沟坡渗出水污染
YP2	225.01	不超标	沟坡渗出水污染
YP3	2617.35	超标	运输道路地面渣污染
YP4	2547.03	超标	运输道路地面渣污染
YP5	2.33	不超标	老厂区北侧阶地
YP6	2.6	不超标	老厂区北侧阶地
YP7	111.28	不超标	老渣场南侧冲沟
YP8	12.47	不超标	老渣场南侧斜坡
YP9	99.85	不超标	老渣场南河漫滩
YP10	0.36	不超标	任家沟南侧山坡
YP11	16 014.89	超标	县河沟坡渗出水污染
YP12	17.01	不超标	任家沟南侧山坡

5 土壤污染评价

依据国家标准《土壤污染环境质量标准》(GB/T 15618—1995)之土壤环境质量分类和标准分级，老渣场属于Ⅱ类一般农田土壤，土壤环境质量执行二级标准，其土壤单项污染物六价铬含量远远超出了标准值的 400mg/kg 的二级标准。老渣场区采取土壤 pH 值皆大于 7.5，旱地铬含量二级标准≤250 mg/kg；依据国家行标准《土壤环境检测技术规范》(HJ/T 166—2004)，以单因子表示土壤污染程度或土壤环境质量的等级为单项污染指数(Pi)。数学表达式是土壤污染的实测值(Ci)与评价标准(Si)之比。

$$Pi = Ci/Si$$

计算得超标指数(Pi)见表 2。

根据污染指数将土壤污染级别分 5 级，根据 Pi 值的大小分别为：$0<Pi\leqslant 1$ 时为无污染；$1<Pi\leqslant 2$ 为轻微污染；$2<Pi\leqslant 3$ 为轻度污染；$3<Pi\leqslant 5$ 为中度污染；$Pi>5$ 为重度污染。

从表 2 可以看出，在老渣场区、道路及临县河斜坡坡脚，土壤单项铬污染指数 Pi 在 3.3～64.05 之间，污染级别在中—重度污染之间。老厂区周围污染界别在轻微—轻度污染。

表 2 老渣场区二类土壤二级标准土壤单项污染总指数

钻孔编号	取样深度(m)	单项污染指数(Pi)
ZK5	−3.5	17.72
	−3.5	15.67
	−6.5	3.98
	−7.5	3.60
	−8.5	4.18
	−9.5	2.44
ZK3	−1	15.03
	−1.5	13.39
	−5.5	3.60
	−7.5	3.30
	−8.5	3.76
	−9.3	2.37
	−10.5	1.89
ZK4	−0.9	3.15
ZK6	−2.9	5.23
	−5.3	25.80
	−6.3	1.942
	−7.5	3.04
ZK7	−1.1	3.30
地表取样点	取样深度(m)	单项污染指数(Pi)
YP1	0.2	1.28
YP3	0.4	10.46
YP4	0.2	10.18
YP11	0.2	64.05

6 土壤污染治理

老渣场遗留铬污染土壤的修复，初步实施方案为：在老渣场网格状布井，分别为常压井及加压井及收集井，收集井上部分为过滤器，下部稳定基岩部分为储水段，积水达到上水位时，自动泵工作，将含铬渗出水泵送到多级阴离子交换器进行处理；处理后的清水经进一步增压后送到常压压水井，常压压水井全部为过滤器，清水不断渗入土壤，溶解了土壤中的六价铬，经一段洗涤溶解后变为含铬水进入渗水收集井，循环往复，达到淋洗土壤的目的。

压水井的布置密度是根据土壤性质、特点决定。对密度大于 1.7 的密实型土壤采取加压压水的办法，压缩空气将清水强制压入土壤中，形成强制洗涤；对渗水井难抽取和渗出的，采取了真空负压抽取；当循环清水不足时，可以补充外部清水，交换处理后的高浓度含铬水，输送到现生产工艺场地，作为工艺碱性水使用，最终制成产品。

在对土壤的反复循环淋洗过程中，每间隔一周期采样一次，对渗出水和土壤检测，达标后，再循环 2～3 周期后，该地块土壤修复完毕，再进入下一区域工作。原位土壤修复工艺流程见图 3。

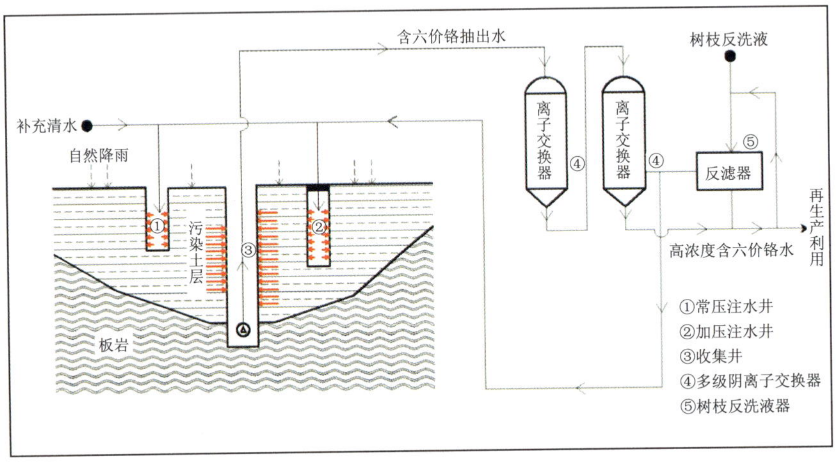

图 3　原位土壤修复工艺流程图

7　结　论

土壤六价铬的污染主要通过机械及化学迁移方式污染土壤及地下水，在化工生产过程中人为不合理的堆渣及渗漏造成污染，土壤修复治理需要花费巨大的人力物力。为此，应切实加强污染的预防，控制污染源头，做到耕地和水源地的土壤保护，加强被污染地块的风险管控，加强土壤修复示范以及监测体系建立尤为重要。

参考文献

陈建平，范立民，杜江丽，等. 陕西省矿山地质环境治理现状及变化趋势分析[J]. 中国煤炭地质，2014，26(9)：54－56，64.

周爱国，等. 地质环境评价[M]. 武汉：中国地质大学出版社，2008.

榆神府矿区地面塌陷及其地质环境影响

彭 捷[1,2]，向茂西[1,2]，姚超伟[1,2]，仵拨云[1,2]，高 帅[1,2]

（1.陕西省地质环境监测总站，陕西 西安 710054；
2.矿山地质灾害成灾机理与防控重点实验室，陕西 西安 710054）

摘 要：榆神府矿区的大规模开采，给煤炭开采区带来了一系列地质灾害问题，其中尤以地面塌陷及地裂缝影响最为严重。通过对榆神府矿区的水工环调查，发现地面塌陷101处；地面塌陷形态以地面裂缝、塌陷槽、塌陷坑及塌陷盆地为主。研究了地裂缝的长度、宽度及深度特征，分析了煤层埋藏条件、地质构造因素、地层岩性因素、采煤和顶板管理方法等地面塌陷的影响因素；论述了地面塌陷对地质环境的影响，主要包括造成岩土松动与边坡失稳，造成水土流失，造成土地损毁，造成地面道路与建筑物破坏等。

关键词：榆神府矿区；地面塌陷与地裂缝；分布发育特征；地质环境

0 引 言

榆神府矿区地处我国西北干旱半干旱地区，煤炭资源丰富，生态环境脆弱。长期的煤矿采掘活动对当地的地质环境造成了严重的影响，产生了一系列地质环境问题，其中以地面塌陷及地裂缝灾害最为严重。通过对矿区采空区塌陷的研究，揭示榆神府矿区地面塌陷的分布特征及发育规律，以期对矿区地面塌陷的防治及地质环境恢复治理有所裨益。

1 地面塌陷分布特征

榆神府矿区长期采掘活动形成的采空区是造成地面塌陷的直接原因。根据本次调查，具有明显塌陷裂缝及相关特征的地面塌陷有101处。其中大型塌陷36处，中型塌陷53处，小型塌陷12处，塌陷面积共计133.5588km^2。调查区地面塌陷主要分布于榆神矿区东部及神府矿区煤矿开采集中地区（图1），其中神府矿区主要分布在石圪台井田、大柳塔井田、榆家梁井田及郭家湾井田，而榆家梁井田分布尤为密集；榆神矿区主要分布在大砭窑、凉水井、榆树湾井田及金鸡滩—麻黄梁勘查区一带。各县区塌陷数量规模如表1所示。

调查发现榆神矿区榆阳区一带塌陷数量较少，一是由于该区上覆基岩厚度较大，冒裂带不易沟通地表；二是由于榆神矿区以风沙滩地区为主，沙地的松散自然弥合作用较快，尤其是雨季裂缝很快弥合或被草本植物覆盖，在地表很难发现裂缝，一旦错过裂缝显现时间，很难再看到采动损害现象，难以识别，显现数量少的“假象”。

而在以黄土梁峁地貌为主的神府矿区，地裂缝显现明显，自愈能力较差，塌陷裂缝一旦出现很难自然恢复。

基金项目：国家重点基础研究发展计划（973计划）（2013CB227901）；陕西省科学技术推广计划（2011TG-01）；陕西省公益性地质调查项目（2013020101）

作者简介：彭 捷（1988—），湖北黄石人，工程师，从事地质灾害防治、地质环境调查与研究工作。E-mail：396039025@qq.com

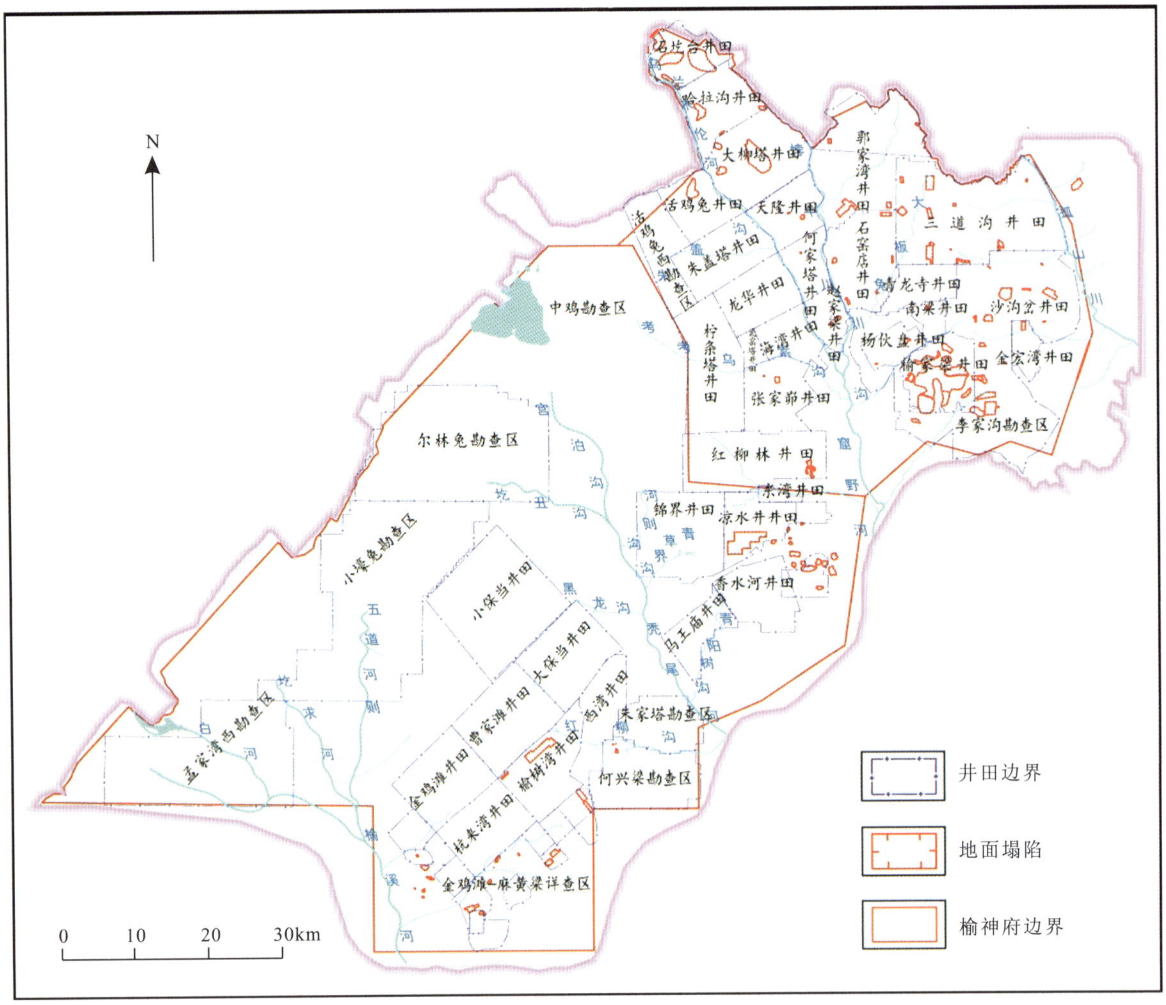

图 1　地面塌陷分布图

表 1　县区采空区与地面塌陷情况统计表

市区名称	采空区面积（km^2）	塌陷面积（km^2）	地面塌陷(个)			
			大型	中型	小型	总数
神木	431.06	80.543	16	29	10	55
榆阳	39.73	12.13	4	9	1	14
府谷	137.28	40.8858	16	15	1	32
合计	608.07	133.5588	36	53	12	101

2　地面塌陷发育规律

榆神府矿区地面塌陷的形态主要表现为地面裂缝、塌陷槽与塌陷坑、塌陷盆地。

2.1　裂缝

榆神府矿区现有 1802 条(组)地裂缝，分布极不均匀，地裂缝分布除受矿山分布规模、密度控制外，地貌类型也是其影响因素，沙地、沙盖黄土地中地裂缝因掩盖不易被发现。地裂缝的分布范围、密度及形态等均有不同。地裂缝发育与开采强度关系密切。

由于煤矿采空区覆岩塌陷波及地表，在矿井局部范围内造成地表岩土体开裂(图 2)，地表长距离的发育地面塌陷裂缝。调查区地表为第四系黄土层(马兰黄土、离石黄土)的区域，公路建筑场所地表现明显，调查易发现。如石圪台煤矿地面塌陷，为神华神东石圪台煤矿开采 $2^{-2上}$ 煤所引发，煤层厚度约 5m，埋深约 50m，造成公路路面出现多条顺公路延伸方向裂缝(图 3)。

图 2 东峰煤矿地面塌陷造成土体开裂

图 3 石圪台煤矿地面塌陷裂缝

一般认为，在薄基岩浅埋煤层大采高开采时，即基岩采厚比小于 30，裂隙带直达地表，覆岩不存在弯曲带，地表会产生大量上下贯穿性的开采裂缝。而基岩采厚比大于 30 时，裂隙带发育不到地表，地面主要受到弯曲带的变形影响，地面裂缝主要表现为拉张性裂缝，且地裂缝一般较浅，不具上下贯穿性。

调查区煤层浅埋且厚度大，基岩薄，采深采厚比小，地裂缝大量发育，多成群(组)出现，直线状或弧形(或椭圆状)展布。通过对 101 处地面塌陷裂缝最大宽度、最大长度、最大深度等特征的分析研究，调查区内地面塌陷裂缝有如下规律。

2.1.1 裂缝宽度特征

单条地裂缝在地表表现为宽窄不均匀，顶端尖灭，最大宽度跨度范围较大，自几厘米到数米都有分布，而以 0～0.1m 居多，有 54 处，占调查总数的 53.47%(图 4)；其次是，0.1～0.4m 的有 23 处，占 22.77%。0.4～0.7m、0.7～1m、>1m 较少，分别有 7 处、9 处、8 处，各占 6.93%、8.91%、7.92%。缝群则呈现弧形、椭圆状展布。

2.1.2 裂缝长度特征

裂缝长度一般与工作面的走向及长度有关，同一地区大部分地裂缝展布方向一致，近似平行状，本次调查最大长度跨度范围较大，自十几米到上千米都有分布，而以 0～50m 居多，有 60 处，占调查总数的 59.41%(图 5)；50～100m、100～500m、>500m 的较少，分别有 16 处、18 处、7 处，各占 15.84%、17.82%、6.93%。

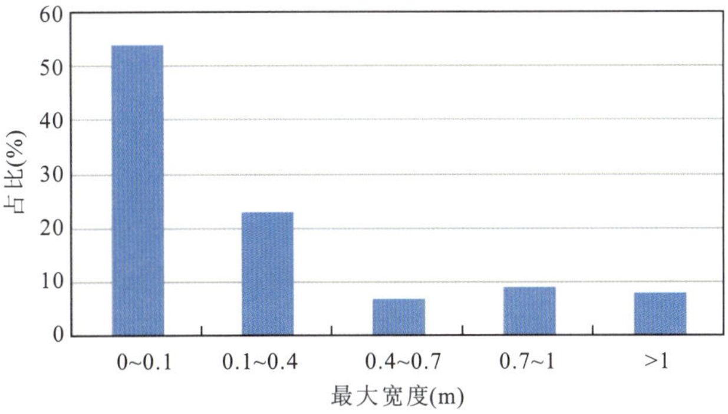

图 4 地面裂缝最大宽度统计图

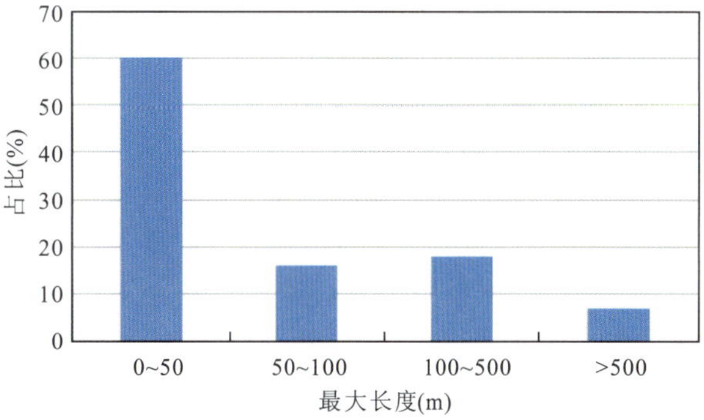

图 5 地面裂缝最大长度统计图

2.1.3 裂缝深度特征

在垂向上，高强度采煤区地裂缝，往往形成陡坎，新近形成的地裂缝陡坎呈直角状，较早形成的地裂缝因风化显示圆滑、垮塌等，陡坎下发育有裂缝，地裂缝深度不一，最深可直通采煤工作面，达到10～200m，但一般肉眼可见深度多在10m以内，垂向上呈"V"字形，上宽下窄，逐渐尖灭，或被地裂缝两壁塌陷物掩埋而不可见。本次调查，裂缝深度以0～1m居多，有68处，占调查总数的67.33%(图6)，其次是，1～4m的有24处，占23.76%。4～7m、>10m的较少，分别有3处、6处，各占2.97%、5.94%。

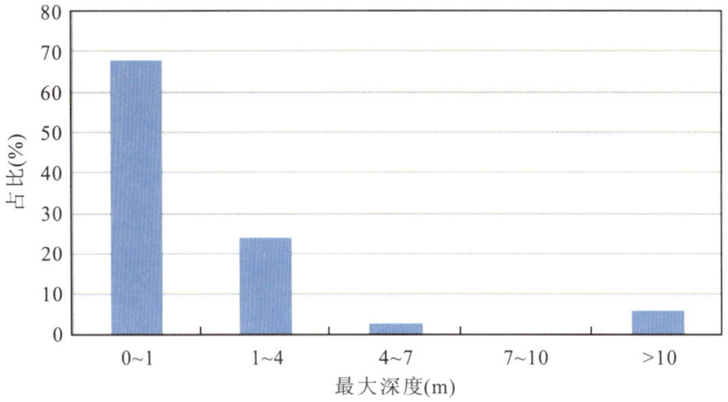

图6 地面裂缝最大深度统计图

2.2 塌陷槽与塌陷坑发育

由于部分煤矿煤层埋藏较浅，主采煤层较厚，矿洞(坑道)或者采空区上覆岩层的塌陷往往在地表形成塌陷槽或塌陷坑，对局部地表破坏极其严重(图7、图8)。但从整个调查区来看，地面塌陷主要还是表现为地裂缝，塌陷槽和塌陷坑只在局部地段出现，且整体分布面积较小。

图7 榆神煤矿地面塌陷坑

图8 鸿锋煤矿地面塌陷形成的塌陷槽

2.3 塌陷盆地

在开采薄基岩煤层时，地表有时会出现一种切落式塌陷盆地，其范围一般比工作面大。在地形较平坦地区，盆地中央总体上呈现平底形式，沿工作面周边呈现因塌陷而造成的缓坡形态，塌陷深度一般为1～3m。如敖包十里-大树梁地面塌陷，由大柳塔煤矿采煤形成塌陷盆地，造成约200m公路整体下沉(图9)。

图 9　敖包十里-大树梁塌陷盆地

3　地面塌陷影响因素分析

煤矿地面塌陷是受气象、水文、地质构造、采矿条件、开采规模、出露岩土层的组合关系、岩石物理性质和岩土力学性质等多种因素综合作用的结果。调查区煤矿地面塌陷主要影响因素如下。

3.1　煤层埋藏条件

一般煤层埋深愈大(即开采深度愈大),变形扩展到地表所需的时间愈长,地表变形值愈小,变形比较平缓均匀,但地表移动盆地的范围加大。煤层厚度愈大,开采空间愈大,会使地表变形值增大。地表松散覆盖层越厚,地表变形值越小,但地表移动盆地范围加大。松散覆盖层主要为黏性土时,则地表出现地裂缝的可能性增大。若松散覆盖层主要为粉土,则出现中小型地面塌陷陷坑的可能性增大。

调查区煤层为近水平煤层,地面塌陷范围与下伏采空区的对应性较好,地面塌陷主要表现为移动盆地与地裂缝共生的格局,整体上塌陷坑与塌陷槽较少。

3.2　地质构造因素

一般煤层倾角平缓时,移动盆地位于采空区正上方,形状基本上对称于采空区。调查区煤田地质构造较为简单,断层稀少,褶皱形态宽缓,地层倾角多小于 5°。因此,移动盆地及地面塌陷形成的地裂缝位于采空区正上方,调查发现地面偏移较少。

3.3　地层岩性因素

调查区主采煤层之上,除了侏罗系延安组煤系地层中的砂岩、粉砂岩、泥岩及页岩互层外,其上覆地层主要为结构较松散的新近系、第四系砂土层。因此,采空区上方的砂泥岩变形容易被上覆砂土层缓冲,使地表变形和地面塌陷趋于平缓,造成塌陷坑和塌陷槽较少,以地面缓慢下沉与地裂缝为主。

3.4　采煤和顶板管理方法因素

调查区在 2007 年煤矿大面积资源整合之前,小煤矿企业较多,开采工艺多为落后的炮采方式,主要为房柱式,历史累积采空区面积较大,但受较多煤柱支撑,地面变形程度及地面塌陷面积较小,产生的地裂缝也不太明显。而在 2007 年以后,各整合后的新煤矿均采用了技术先进和产量更高的综采工艺,工作面基本都采用了全部垮落法管理,造成地面塌陷范围更集中,地面塌陷也更严重。2012 年榆神矿区隆德煤矿施工电缆钻孔时发生突水溃沙地质灾害,地面形成了大的塌陷坑,将原本是沙丘的地貌,变成了塌陷坑。

4 地面塌陷对地质环境的影响

地面塌陷不仅直接破坏地面、毁坏土地和井下设施，造成墙体开裂，容易酿成伤亡事故，而且也极大地破坏了地表植被和景观；雨季导入地表水增大矿井涌水量和引起煤矿井下水患，同时还容易引发滑坡、崩塌和泥石流等次生地质灾害。其主要危害方式如下。

4.1 地面塌陷造成岩土松动与边坡失稳

调查区部分沟谷地段地形陡峻，阶坎遍布，岩石风化强烈，危岩林立，坡体稳定性差，山体斜坡或陡崖部位在采煤工作面采动活动影响下，更易于出现岩土松动，发生落石和崩塌等不良地质现象；此外山坡大的裂缝破坏也会引发严重的山体滑移，在有些条件下可能还会引起山体滑坡和泥石流灾害（图 10、图 11）。

图 10 白土梁地面塌陷造成土质崩塌

图 11 丈八崖煤矿地面塌陷造成岩质崩塌

4.2 地面塌陷造成水土流失

煤矿开采引起地面塌陷，或覆岩冒落开裂等，引起了地下水位的大幅度下降，泉流量减小，导致地表水流量减小甚至干涸（图 12、图 13）；其次，采煤形成的冒落带和导水裂隙带在沟谷可贯通地表，使沟谷地表水渗漏，入渗井下采空区；此外，煤矿开采、洗煤、加工等利用和消耗了大量的水资源。

图 12 王洛沟接近干涸

图 13 捣不赖沟已完全干涸

4.3 地面塌陷毁坏土地

调查区由于煤矿开采出现地面塌陷，对地表土地资源破坏较大，由于煤矿开采，地下水位下降，土壤失去了保墒的功能。不少采空区地表耕地已塌陷成鱼鳞状，荒草丛生。地表采动变形与地表水土流失加快了土壤侵蚀和肥料养分的流失，潜水位下降，导致土壤湿度减小，本来干旱的土地更加干燥，使得农作物减产，土地利用价值降低(图 14、图 15)。

图 14 沙哈拉地面塌陷造成农田毁坏

图 15 飞马梁地面塌陷造成农田毁坏

4.4 地面塌陷造成地面道路与建筑物毁坏

调查区的部分采空区地面塌陷也对地面道路、建筑物、通信电缆和供电线路等造成一定程度的破坏，造成柏油、水泥、沙石等路面损毁，房屋开裂、倾斜、变形，迫使居民搬迁(图 16、图 17)。

图 16 乔家沟村地面塌陷造成房屋破坏

图 17 柳沟地面塌陷造成路面损毁

5 结 论

榆神府矿区高强度开采造成了严重的地面塌陷及地裂缝，调查区共调查采空区地面塌陷 101 处，其中大型塌陷 36 处，中型塌陷 53 处，小型塌陷 12 处，地面塌陷面积共 133.5588km^2。

地面塌陷的形态主要表现为地面裂缝、塌陷槽与塌陷坑、塌陷盆地，其中地面裂缝宽度，自几厘米到数米都有分布，而以 0～0.1m 居多。地面裂缝长度，自十几米到上千米都有分布，而以 0～50m 居多。地面裂缝深度，深度达数百米，而以 0～1m 居多。

调查区煤矿地面塌陷主要影响因素包括煤层埋藏条件、地质构造因素、地层岩性因素、采煤和顶板管理方法因素等。

地面塌陷对地质环境的影响，主要包括造成岩土松动与边坡失稳、水土流失、土地损毁、地面道路与建筑物破坏等。

参考文献

陈建平，范立民，杜江丽，等. 陕西省矿山地质环境治理现状及变化趋势分析[J]. 中国煤炭地质，2014，26

(9):54－56,64.

陈建平,李成,杜江丽,等.秦巴山区矿产资源开采区地质灾害发育机理研究[C]//秦巴山区地质灾害与防治学术研讨会论文集.武汉:中国地质大学出版社,2016:74－79.

范立民,李成,陈建平,等.矿产资源高强度开采区地质灾害与防治技术[M].北京:科学出版社,2016.

范立民,马雄德,冀瑞君.西部生态脆弱矿区保水采煤研究与实践进展[J].煤炭学报,2015,40(8):1711－1717.

范立民,马雄德,李永红,等.西部高强度采煤区地质灾害现状与防控技术[J].煤炭学报,2017,42(2):276－285.

范立民.榆神府矿区煤炭开采强度与地质灾害[J].中国煤炭,2014,40(5):52－55.

韩健楠,刘海南,贺卫中,等.陕北榆神府生态脆弱矿区地质灾害演化过程[J].灾害学,2017,32(1):177－182.

贺卫中,向茂西,刘海南,等.榆神府矿区地面塌陷特征及环境问题[J].煤田地质与勘探,2016,44(5):131－135.

李永红,何意平,康金栓,等.陕北煤矿区地质环境保护与恢复治理措施[J].中国煤炭地质,2014,26(4):41－45.

李永红,刘海南,杜江丽,等.陕西省神木县地质灾害详细调查报告[R].西安:陕西省地质环境监测总站,2014.

彭捷,李永红,刘海南,等.榆神矿区大砭窑煤矿地面塌陷与地裂缝发育规律[J].中国煤炭,2015,41(10):37－41.

强建华,卢中正,邓锟.榆林国家级能源化工基地矿山地质环境遥感监测研究[J].中国煤炭地质,2014,26(4):29－32.

仵拨云,李永红,向茂西,等.神府矿区西沟-柳沟流域地面塌陷及其环境效应[J].中国煤炭地质,2015,27(11):31－36.

向茂西,贺卫中,李永红.陕西矿山地质环境问题浅析[J].地下水,2014,36(4):89－92.

神府矿区永兴沟流域地质灾害特征

仵拨云[1,2]，刘海南[1,2]，李永红[1,2]，向茂西[1,2]，彭　捷[1,2]，姚超伟[1,2]

(1.陕西省地质环境监测总站，陕西 西安 710054；
2.矿山地质灾害成灾机理与防控重点实验室，陕西 西安 710054)

摘　要： 永兴沟流域位于神府矿区中部，是神木县主要煤炭开采区。通过实地踏勘和调查，对流域内的地质灾害类型和成因进行了总结、分析。分析结果显示：崩塌与流域内地形地貌、坡向、地层岩性和冻融有着密切联系，降雨、人类活动和坡体物质组成是诱发滑坡的主要因素，煤炭开采引起的地面塌陷以地裂缝为主要表现形式，对环境地质造成一定影响。

关键词： 地质灾害；黄土滑坡；黄土崩塌；地面塌陷；神府矿区

0　引　言

神府矿区河流属黄河水系，永兴沟是窟野河二级支流，永兴沟流域行政区划隶属神木县神木镇永兴办事处，东部与府谷县新民镇接壤，西侧为神木县中心。永兴沟全长约30km，流域面积220km^2，河道比降12.5%，多年平均流量0.11m^3/s，于神木镇汇入窟野河。

永兴沟流域现已探明煤炭覆盖面积达140km^2，且以5^{-1}优质汽化煤为主。近年来，随着经济发展、煤炭开采等人类工程活动的增强，神木县境内地质灾害显著增加，滑坡、崩塌、泥石流和采煤引起的地面塌陷对人类居住条件构成威胁，地下水位下降、河流和沟道地表水减少甚至断流，改变地下水循环途径，严重影响地质环境和周边百姓的生活质量。永兴沟作为神木县主要流域，斜坡上覆地层又是风化严重、物理性质较差的黄土，在外营力作用下极易引起斜坡失稳，形成不同规模的地质灾害。

1　气象水文条件

1.1　气象

神木县属干旱半干旱大陆性季风气候。降水量年际变化较大，丰水年最大降水量为819.1mm，枯水年最小降水量108.4mm，历史上最大年降水量818.1mm。多年平均降水量为422.7mm，主要集中在7～9月份，约占年降雨量的60%～70%。年平均蒸发量为1712.4mm；最大冻土深度143cm；1月份极端低温－29.0℃，7月最热，极端高温41.2℃。

1.2　水文

圪针崖底沟、青草沟、李家沟为窟野河水系一级支流永兴沟的次级支沟，属于季节性流水沟，主要由大气降水补给。圪针崖底沟、青草沟在丰水期大流量可达10m^3/s，枯水年份河流基本干涸，李家沟属于常年性河流，平均流速0.1m/s；小型支沟还有韩家沟、红崖沟和老坟沟等，均为季节性沟流。

基金项目： 国家重点基础研究发展计划(973计划)(2013CB227901)

作者简介： 仵拨云(1987—)，男，陕西蒲城人，工程师，主要从事地质灾害防治与调查工作。E-mail：wby_213@sina.cn

2 地质条件

2.1 地形地貌

研究区位于陕北黄土高原北端，毛乌素沙漠东南缘，属于典型的黄土梁峁沟谷地貌，地形破碎，沟壑纵横，总体地形为中部高东西低，黄土梁峁整体西北高、东南低，由北向南地形更加破碎。区内大部分被第四系黄土所覆盖，在整合区西北角及东端沟谷有侏罗系出露。

2.1.1 黄土梁峁区

区内被黄土覆盖，沟谷纵横交错，梁峁相间分布，地形比较破碎，冲刷严重，沟谷狭窄，地表侵蚀强烈，有疏密不等的短小冲沟，现代地貌作用以流水侵蚀为主，植被稀少，水土流失严重，沟谷底部两侧局部有基岩裸露。

2.1.2 河谷地貌区

河谷地貌呈树枝状分布，沟道较为狭窄，河漫滩以砂砾石层为主，冲洪积物厚约几米，河床漫滩两侧形成不对称的一级阶地，带状顺沟道间续分布，表层分布粉土、粉质黏土，下部为砂砾石冲洪积层，两岸沟坡较陡，可见基岩出露，为延安组的砂泥岩。

2.2 地层岩性

区内地层出露较为完整，自上而下分别为第四系全新统冲积层、第四系上更新统马兰组、第四系中更新统离石组、新近系上新统保德组、侏罗系中统延安组、侏罗系下统富县组、三叠系上统瓦窑堡组、三叠系上统永坪组。

流域内地貌属黄土沟壑和土石丘陵区，风化严重，上覆第四系中上更新统黄土，结构单一、松散，物理力学性质容易受到外界因素干扰。煤层上覆基岩为侏罗系砂岩、粉质泥岩，属于层状软弱岩组。煤层埋深由 65～290m 不等，煤层平均厚度为 3.76～9.3m。

2.3 地质构造

调查区构造单元地处鄂尔多斯地台二级构造单元——伊陕单斜东缘中部。基底是坚固的前震旦系结晶岩系，构造运动表现以垂向运动为主，区内构造为一走向北东、倾向北西、倾角小于 1°的单斜构造，未发现较大规模的断裂及褶皱，构造简单。

3 地质灾害发育分布特征

3.1 地质灾害类型

截至 2014 年 8 月，调查发现地质灾害共计 37 处，其中滑坡 4 处，崩塌 24 处，地面塌陷 9 处，地裂缝 572 条(图 1)。

3.2 典型滑坡特征及机理分析

永兴沟流域 4 处滑坡均为牵引式小型黄土滑坡。文章选取以下两个典型滑坡进行表述。

3.2.1 HP01 滑坡

滑坡位于永杨公路旁，主滑方向 140°，后缘标高 1006m，前缘坡脚高程为 976m，平均坡度 55°。滑坡平面形态呈舌形，坡面形态为上凸型(图 2)。

居民在修建房屋时削坡形成该斜坡。坡体由第四系中上更新统黄土组成，厚约 3m，滑带为可塑性

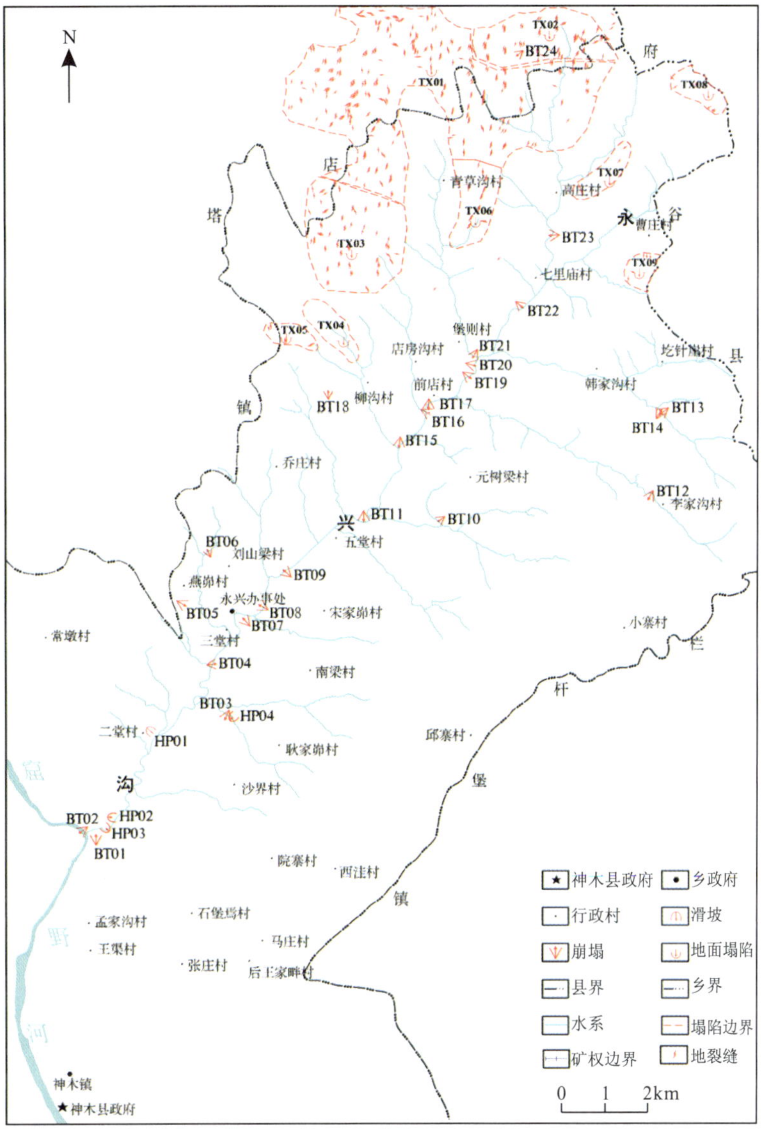

图 1　永兴沟流域地质灾害分布图

不含角砾石的粉质黏土，滑床为中更新统黄土。

滑坡于 2013 年 5 月发生初次滑动，前缘坡体呈现出黄土体剥坠落，下错高度达到 1m，滑坡后缘未发现拉张裂缝及其他变形迹象。下错土体在前缘堆积，虽占用了居民屋后便道，但也相对地起到了反压坡脚的作用，为防止堆积物发生二次变形，居民自行修建了长约 7m、高 0.8m 的挡土墙，暂时缓解了坡体的不稳定性。

考虑到黄土遇水的湿陷性和流变性，尤其是汛期降水量增多时，坡体依旧存在再次失稳的可能性。

3.2.2　HP03 滑坡

滑坡位于永兴沟北侧，前缘高程 930m，后缘标高 970m，相对高差约 40m。滑坡长约 50m，宽 45m，平均厚 2.5m，滑坡体积约 6000m^3。滑坡主滑方向 315°，平均坡度 75°，剖面形态呈凸形，平面近似为矩形（图 3）。

滑坡位于永兴沟与窟野河交汇处，河道切割严重，侏罗系砂岩出露，上覆土层为中上更新统含碎石黄土，可辨层次。

2012 年 6 月滑坡初次滑动，后缘未发现变形迹象，前缘坡体下滑，引起坡体中部出现 1 条拉张裂缝，而在坡脚处形成了约 50m^3 的堆积物。走访发现，雨季时期坡体常会发生土体溜滑现象，放量虽小，

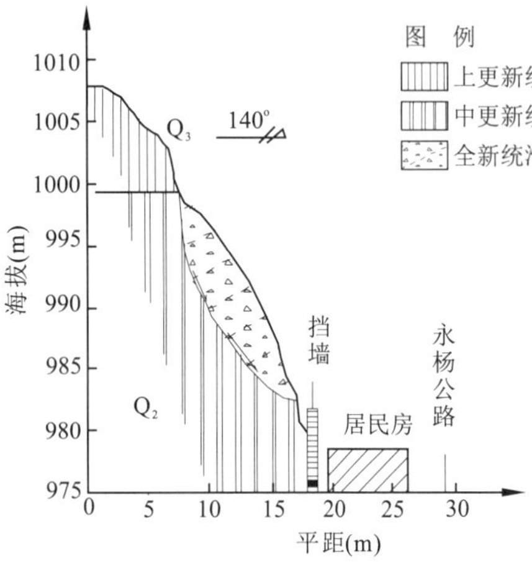

图2　HP01滑坡剖面示意图

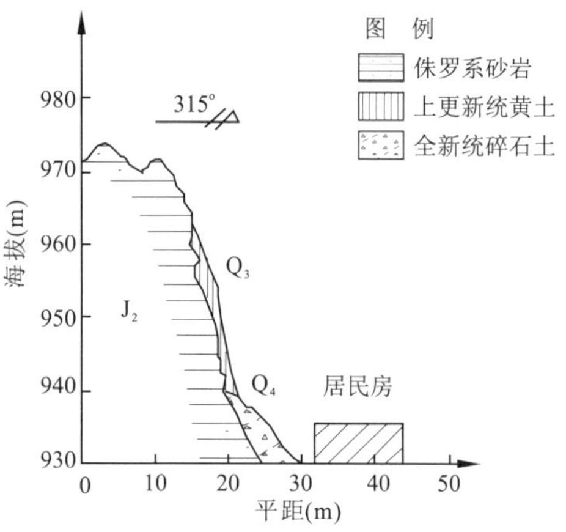

图3　HP03滑坡剖面示意图

但长期的溜滑会不断形成小型临空面，土体应力不断改变与调整，致使斜坡失稳。

斜坡因为修建房屋时对坡脚进行了较大改造，前缘形成高约1m的临空面，且未设置工程支挡措施；调查区昼夜温差大，雨季和旱季降水量相差较大，在温度和含水量的不断改变下，黄土孔隙也随之不断变化，加之小型临空面的不断发育，进一步引起坡体失稳。

3.3　崩塌特征及机理分析

区内共调查发现崩塌灾害点24处，岩质崩塌16处，黄土崩塌8处（表1）。威胁公路的17处崩塌中，有2处还威胁到住户的生命财产安全，仅威胁到住户的崩塌灾害点1处，威胁采石场崩塌灾害点1处，5处无威胁对象。

表1　崩塌分类统计表（单位：处）

分类	大型	中型	小型
黄土	1	3	4
岩质	1	11	4

3.3.1　坡高

斜坡体顶部标高975～1303m，坡脚标高940～1288m，崩塌体的最大相对高差达到100m。坡体应力随着高度的增加而增大，稳定性也随之降低。区内崩塌多发于坡高20～30m的坡体（图4）。

调查中发现，人类工程活动对斜坡的改造集中在坡脚，而高程在940～1300m区间内最为显著，改造活动以普通住房建设为主，对斜坡坡脚改造高度较小，所以崩塌所发生在该高程区间内，崩塌高度亦以20～30m为主。

3.3.2　坡度

地质灾害发育和分布的主控因素离不开地形坡度，崩塌的复活和变形受到坡度的影响更为严重。

区内崩塌灾害多发生在大于60°的斜坡，80°～90°斜坡孕育的崩塌数量最为显著（图5），占到总崩塌数量的37.5%。

统计发现，崩塌的母体斜坡高度和坡度并未呈现出正比关系，反而是高度小于60m的崩塌占到了总崩塌数的83%，崩塌坡度集中在60°～85°。

3.3.3　坡向

区内发育在阳坡的崩塌灾害点共15处，占总崩塌数量的63%。阳坡受到日照时间长于阴坡，土体

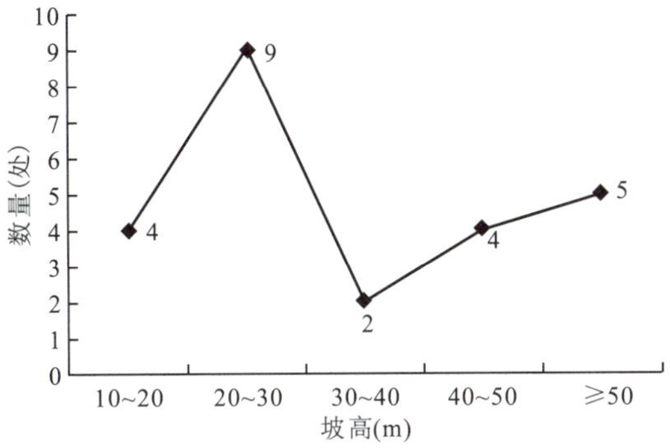

图 4　坡高与崩塌数量关系图

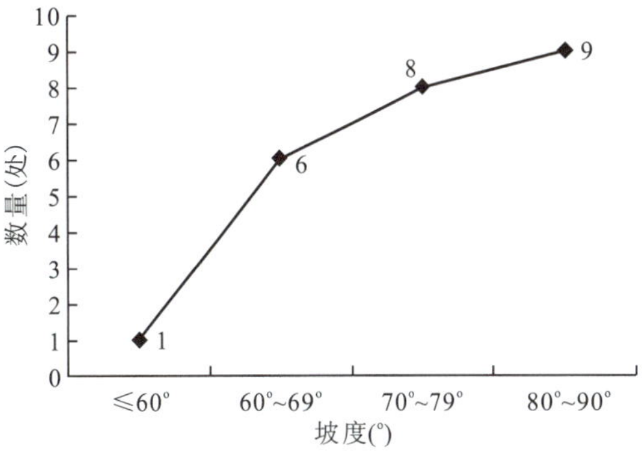

图 5　坡度与崩塌数量关系图

温度亦高于阴坡；区内昼夜温差较大，阳坡坡体的温度变化较阴坡强烈；崩塌所在区域夏季雨水充沛，阳坡的蒸发量大于阴坡，所以阳坡土体较阴坡土体更加脆弱；冬季区内温度低，冻融现象明显，也是阳坡、阴坡崩塌灾害发育不可忽略的原因。

3.3.4　坡体物质

流域内崩塌根据坡体物质组成可分为黄土崩塌和岩质崩塌。

黄土崩塌坡体物质为第四系马兰黄土，风化严重，垂直节理裂隙发育，尤其是风化节理，崩塌的特征和规模主要受其控制。风化节理分布在崩塌表层，延伸性较差，表层分布密集，沿深度向下，分布逐渐稀疏。在雨水下渗和冲刷、风化的作用下，表层黄土开始出现剥落、坠落，节理裂隙进一步发育扩展，加剧了崩塌的形成。

区内岩质崩塌坡体物质多为碎裂状侏罗系砂岩，夹有软弱层状砂质泥岩、泥岩。碎裂状砂岩结构破碎，有泥质充填物，在雨水冲刷和侵蚀作用下，结构内充填物被掏蚀，进一步破坏了坡体稳定性。水平层状砂质泥岩、泥岩一般位于坡体中下部，结构松散，硬度较软，为诱发形成崩塌的不利因素(图 6)。

图 6　岩质崩塌坡面

3.3.5　冻融

冻融是流域内常见现象，神木县冬季持续时间明显长于夏季，10 月下旬气温已进入 0℃以下，5—6 月气温回升，7—9 月进入雨季。气温降低，土体表层的水首先开始凝结，土颗粒间的孔隙被结晶水充填并扩大，土体强度逐渐增强；随着气温的回升，土体中的水融化，土颗粒间孔隙缩小，土颗粒间的支撑力减弱。在冻—融—冻的往复性作用下，土颗粒间结构变化并破坏，浅表层土体最为显著，也最先受到破坏，为下一个冻融期提供了更大的孔隙和面积，在如此循环的冻融作用下，节理裂隙的宽度、深度以及长度均有不等增大，坡体失稳的可能性进一步增加。

3.4 地面塌陷特征

煤炭资源是永兴沟流域内主要经济支出，煤炭开采造成流域内多处地面塌陷，总面积达到29.51km^2，最大塌陷位于流域北部榆家梁矿区，面积达到16.75km^2（表2），占到总塌陷面积的56.8%，TX01、TX02和TX06塌陷已经采用裂缝回填和植被种植法治理，现已看不到拉张裂缝，但还是可以清晰看到下错裂缝分布情况（图7）。区内塌陷大多位于黄土梁峁之上，没有穿过较大沟壑，主要表现为地裂缝、塌陷槽，并伴有黄土崩塌或滑坡等次生灾害（图8）。

表2 塌陷汇总表

名称	面积(km^2)	名称	面积(km^2)
TX01	16.75	TX06	1.60
TX02	3.10	TX07	0.74
TX03	4.77	TX08	0.73
TX04	0.84	TX09	0.49
TX05	0.49		

图7 治理后的塌陷与地裂缝分布

图8 地面塌陷引发的次生地质灾害

3.4.1 地裂缝特征

通过遥感解译和实地调查发现，地裂缝的分布范围、密度和形态等受地形、地貌影响明显。流域内地貌以黄土梁峁为主，形成的塌陷区具有连片趋势，地裂缝分布集中，形态、轮廓清晰，而塌陷坑分布较少。地裂缝与冲沟、地坎有一定夹角，且地裂缝下错距离在地势较低或沟壑方向有所加大。

流域内地裂缝延伸方向基本与采煤工作面保持一致，裂缝最长可达数千米，拉张裂缝最宽处约0.5m，下错裂缝落差从0.1～1m均有分布。地裂缝分布多为“之”字形、锯齿状，局部连续性不好，形成雁列趋势。

流域北部地面塌陷分布范围广，地裂缝分布密度大，尤其是榆家梁矿区地裂缝密度达到20.67条/km^2，形态多为弧状，成群出现，较大地裂缝旁侧伴生发育多条平行次级小裂缝，它们延伸方向不规律，在陡坎处可见黄土新鲜面。新形成的地裂缝陡坎呈直角状，而早期的地裂缝因风化作用，形成圆滑状或者垮塌状。

3.4.2 塌陷的环境效应

（1）塌陷造成地表变形，引起居民房屋变形、破坏，道路下沉或隆起。

（2）地层错断，含（隔）水层破坏，地下水位下降、河道地表水减少甚至断流。

（3）地面塌陷严重破坏了土地资源，草地、林地被破坏，农民赖以生存的耕地也遭受到了不同程度的损毁，一部分耕地已经无法恢复耕植能力。

（4）地下水漏失，地表水减少，植被枯死，造成的最终结果就是水土流失、土地荒漠化。

4 结 论

永兴沟流域地质灾害以崩塌和地裂缝为主，与地形地貌、地层岩性、气候和人类工程活动关系密切。地面塌陷面积广阔，且集中在流域北部煤炭开采区，主要变现为地裂缝和塌陷槽，受到流域内特殊的地形、地层岩性影响，塌陷造成了多处黄土崩滑(塌)次生灾害。

各类地质灾害的孕育条件、发生机理和诱发原因各不相同，但是威胁对象是相同的，都为居民！为了减少灾害对居民的生命财产损失，在对滑坡和崩塌灾害体进行物理防治的同时，还应加快地质灾害群测群防体系建设；煤炭开采技术改进的同时，还应优化设计采煤能力和采煤工作面，对于已经塌陷的区域尽快进行治理，避免生态环境再次恶化。

参考文献

范立民，李成，陈建平，等. 矿产资源高强度开采区地质灾害与防治技术[M]. 北京：科学出版社，2016.

范立民，马雄德，冀瑞君. 西部生态脆弱矿区保水采煤研究与实践进展[J]. 煤炭学报，2015，40(8)：1711－1717.

范立民，马雄德，李永红，等. 西部高强度采煤区地质灾害现状与防控技术[J]. 煤炭学报，2017，42(2)：276－285.

范立民，张晓团，向茂西，等. 浅埋煤层高强度开采区地裂缝发育特征[J]. 煤炭学报，2015，40(6)：1142－1147.

范立民. 论保水采煤问题[J]. 煤田地质与勘探，2005，33(5)：50－53.

范立民. 榆神府区煤炭开采强度与地质灾害研究[J]. 中国煤炭，2014，40(5)：52－55.

韩健楠，刘海南，贺卫中，等. 陕北榆神府生态脆弱矿区地质灾害演化过程[J]. 灾害学，2017，32(1)：177－182.

贺卫中，向茂西，刘海南，等. 榆神府矿区地面塌陷特征及环境问题[J]. 煤田地质与勘探，2016，44(5)：131－135.

姬怡微，何意平，李成，等. 榆林市榆阳区地质灾害类型及活动特征[J]. 地质灾害与环境保护，2015，26(2)：32－37.

雷祥义，魏青珂. 陕北伤亡性黄土崩塌成因与对策研究[J]. 岩土工程学报，1998，20(1)：64－69.

李邦邦，刘智，余学义. 陕北侏罗纪煤田采动损害现状及评价方法[J]. 西安科技大学学报，2008，28(2)：265－269.

李永红，刘海南，范立民，等. 陕北榆神府生态环境脆弱区地质灾害分布规律[J]. 中国地质灾害与防治学报，2016，27(3)：116－121.

李永红，姚超伟，程晓露，等. 神府煤矿区矿山地质环境问题及恢复治理探讨[J]. 资源与产业，2015，16(6)：112－117.

吕新，王双明，杨泽元，等. 神府东胜矿区煤炭开采对水资源的影响机制——以窟野河流域为例[J]. 煤田地质与勘探，2014，42(2)：54－57.

马雄德，范立民，张晓团，等. 榆神府矿区水体湿地演化驱动力分析[J]. 煤炭学报，2015，40(5)：1116－1123.

彭捷，李永红，刘海南，等. 榆神矿区大砭窑煤矿地面塌陷与地裂缝发育规律[J]. 中国煤炭，2015，41(10)：37－41.

吴胜勇. 神木县近55年气候特征及变化分析[J]. 陕西气象，2013(2)：20－24.

仵拨云，李永红，向茂西，等. 神府矿区西沟-柳沟流域地面塌陷及其环境效应[J]. 中国煤炭地质，2015，27(11)：31－36.

姚超伟，李永红，杜江丽，等. 陕北崩塌灾害发育特征和空间分布规律[J]. 地质灾害与环境保护，2015，26(3)：27－32.

韩城矿区地质灾害发育特征及地质环境治理恢复现状

姬怡微[1,2]，李　成[1,2]，高　帅[1,2]，陈建平[1,2]，彭　捷[1,2]

（1.陕西省地质环境监测总站，陕西 西安 710054；
2.矿山地质灾害成灾机理与防控重点实验室，陕西 西安 710054）

摘　要：随着大规模机械化综采的应用，给煤炭开采区带来了一系列影响，如地质灾害问题，尤其以地面塌陷影响最为严重，再如环境问题等。本文基于韩城市 1∶50 000 地质灾害详细调查工作，查清了煤炭开采区地质灾害发育类型及发育特征，对地面塌陷的边界确定进行了深入研究，为地方政府地面塌陷的防治提供基础依据；通过对地质灾害发育特征的描述，归纳总结了韩城市煤矿开采区因采煤对地质环境造成的影响，并就韩城市目前煤矿开采区地质环境恢复治理现状进行了介绍。

关键词：韩城矿区；地质灾害发育特征；环境影响；地质环境恢复治理现状

韩城煤矿区处于鄂尔多斯台向斜的东南缘，属渭北翘起带的东段，市辖区内煤炭资源总量为 102.05×10^8t，其中探明资源储量 21.527×10^8t，总面积 1750km^2，为渭北石炭纪、二叠纪煤田，含煤 10 层，厚度 8～20m，构造形态以断层为主，呈 NE 和 NNE 方向展布，市内现有煤矿绝大部分都分布在市区北部的桑树坪地区。近年来，随着矿区的开发建设及开采范围的不断增大，原煤产量大幅度的上升，地面工程范围也日益扩大，导致矿区地质环境日趋恶化，地质灾害日益增多、加重，并已成为制约矿区生产、阻碍矿区发展、威胁矿区安全的一个重要因素，同时也极大地威胁周围住户的生产、生活安全，制约经济的发展。本文基于韩城市 1∶50 000 地质灾害详细调查工作，查清了煤矿区地质灾害发育类型、现状等，对其进行简要论述。

1　地质灾害发育特征

韩城市地处渭北石炭纪、二叠纪煤田，属黄土高原地区，特殊的地貌及黄土特征，导致煤层开挖后，易引起地表变形，出现裂缝等现象，地面塌陷特征明显。韩城市煤矿开采历史悠久，例如桑树坪煤矿、象山煤矿等。煤矿开采带动了韩城市经济发展，同时也引发了严重的地表变形。通过本次详细调查，韩城市因采煤引起的地质灾害为地面塌陷、滑坡和崩塌。煤矿开采区内的滑坡、崩塌灾害可作为地面塌陷的变形特征进行描述，但本次详查从地方监测、监管角度出发，将其单独列为地质灾害隐患点，方便地方监测，减少不必要的损失。

1.1　地面塌陷发育特征

调查区煤矿长期采掘活动形成的采空区是造成地面塌陷灾害的直接原因。根据本次调查，具有明显塌陷裂缝及相关特征的地面塌陷有 28 处，共造成 1 人死亡，毁房 6127 间，毁路 18 460m，造成直接经

基金项目：国家重点基础研究发展计划（973 计划）（2013CB227901）

作者简介：姬怡微（1989—），女，陕西榆林人，工程师，从事地质灾害调查工作

济损失 11 636 万元。韩城市采空地面塌陷主要分布于低山丘陵区，与开采深度、开采厚度、采煤方法、顶板管理、上覆岩层的性质和产状、地表的地形条件和表土性质等有关。采空塌陷区地表一般发育大面积的裂缝，物质组成主要是第四系浅黄色黄土及二叠系砂泥岩。

1.1.1 地面塌陷规模以中型为主

韩城市共发育采空地面塌陷 28 处，塌陷面积约 17.77km^2，而规模以中型为主，其中小型 3 处、中型 19 处、大型 6 处。

1.1.2 分布范围相对集中

韩城市煤炭资源主要分布在市区以北低山丘陵区，呈带状分布。本次调查的 28 处采空地面塌陷，集中分布在 3 个镇：分别是桑树坪镇 15 处、板桥镇 5 处、西庄镇 5 处、金城区 2 处、龙门镇 1 处（图 1）。

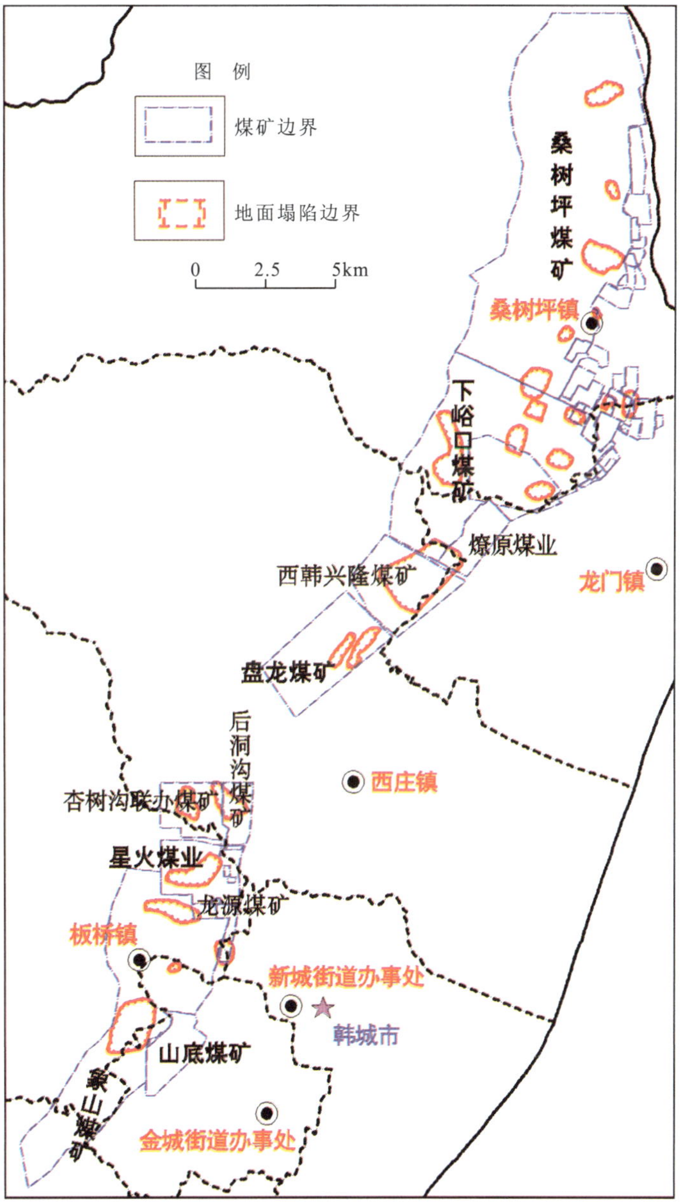

图 1 地面塌陷分布图

1.1.3 塌陷边界不规则，受地形影响较大

据调查资料统计，韩城市地面塌陷均发育在低山丘陵区或黄土塬边，故塌陷边界受地形控制影响较

大，其边界多以黄土塬边或山顶、沟底为界。

对于地面塌陷边界的确定，本文采用以下方法：以煤矿矿山地质环境与恢复治理方案、部分煤矿的井上下对照图、采掘工程平面图、韩城市国土资源局提供的2014年检省级发证矿山年检资料为依据，确定出煤矿现有采空区的分布位置，结合对矿区内压煤村庄建构筑物破坏情况的调查结果，最终推测出塌陷区的范围。针对塌陷区的稳定性判定，以塌陷区内采煤工作面为评价单元，根据各个工作面的采煤工艺、顶板管理办法、工作面长度、推进速度、煤层采高、深厚比、开采时间、采掘方向等参数，结合现场调查访问的地表变形实际情况，综合判定塌陷区的现状及预测稳定性。本文以曹家山地面塌陷为例简要介绍。

1.1.3.1　地面塌陷基本特征

曹家山地面塌陷(HC0106)位于韩城市西庄镇曹家山村东曹家山、西曹家山、东山梁、瓦沟组，地理坐标为东经110°29′16″，北纬35°36′40″。该塌陷位于低山丘陵区，区域内第四系马兰黄土厚10～40m，下部为二叠系砂岩，产状10°∠8°。为煤矿开采引起的冒顶型塌陷。塌陷盆地面积为3.721km^2。

1.1.3.2　变形特征及成因分析

该塌陷为兴隆煤矿和燎原煤矿开采3#、11#煤层所引发，开采方式为综采，顶板管理方式为全部跨落法。煤层厚约1.5m，采深采厚比小。当煤层回采后，在塌陷盆地边缘产生大量地表裂缝。该地面塌陷变形特征为：①出现群集式陷坑，分布面积3.721km^2，坑口口径1～5m不等，目前大多数已被填埋，长列方向10°，有增强趋势；②出现多条平行裂缝，分布面积3.721km^2，间距1～3m不等，平行排列，方向100°，产状100°∠80°，缝长50～1000m不等，宽0.05～0.5m，深度最小1m，最大可见1.5m，有增强趋势；③区内居民房屋因不均匀沉降造成了不同程度破坏，房屋上可见裂缝，走向110°，变形严重。特别是东曹家山组，调查时村民反映近一周内能听见建筑物开裂的声音。该地面塌陷变形开始于2007年，为地下采煤引起，有增强趋势。

1.1.3.3　稳定性评价及发展趋势预测

该塌陷区涉及两个煤矿的采空区，分别为兴隆煤矿和燎原煤矿，其中兴隆煤矿包含11采区11301～11305采掘工作面和12采区的12301～12304采掘工作面。11采区301工作面于2009年开采，目前开采305工作面，平均煤厚1.6m，一次采全高。12采区301工作面于2010年开采，塌陷区内工作面于2014年年初采空，平均煤厚1.5m，一次采全高。根据经验公式：地表移动的延续时间$T=2.5H$，所以11采区地表延续时间为4年，12采区地表延续时间为3.75年，而且时间分配上初期剧烈变形、中期缓慢变形、晚期相对稳定，因此11采区301、302工作面地表变形处于相对稳定状态，303工作面地表变形处于缓慢变形阶段，304、305工作面地表变形处于剧烈变形阶段。并且11采区11306和11307采区近两年即将开采，采面直接穿过东曹组，对东曹组地表建构筑物和当地群众的生命财产安全将构成严重威胁；12采区301、302工作面地表变形处于相对稳定状态、303工作面处于缓慢变形阶段、304工作面地表变形处于剧烈变形阶段。燎原煤矿采空区位于塌陷区东南角，燎原煤矿在此处开采了2#和3#煤，2#煤平均煤厚1.43m，于1996年采空，3#煤平均煤厚1.48m，于2008年年底采空，根据经验公式，判断采空区上部地表变形处于相对稳定阶段，但由于该区域处于低山丘陵区，沟谷发育，塌陷已经诱发1处滑坡和2处崩塌，通村公路和斜坡坡面裂缝发育，在雨水的作用下，极易产生滑坡、崩塌。曹家山地面塌陷发展趋势预测图见图2。

1.1.4　*地面塌陷破坏形式多样*

1.1.4.1　地裂缝

受地形地貌、地质构造、煤层赋存条件以及采煤方式等各因素的影响，地裂缝是韩城市煤矿地面塌陷主要表现形式之一。塌陷裂缝一般长几米至几百米，宽几厘米至几十厘米，根据裂缝两侧的错落特点又可进一步区分为正台阶状裂缝、负台阶状裂缝及无明显错落裂缝。如板桥镇前锋村地面塌陷(HC0126)，发育多条平行裂缝，分布面积2.05km^2，间距3.7～6.5m不等，平行排列，方向270°～290°，产状270°∠80°、290°∠80°，缝长15～1800m不等，宽0.2～1.6m，深度最小可见6m，推测最深可至煤层顶板，且有增强趋势(图3、图4)。

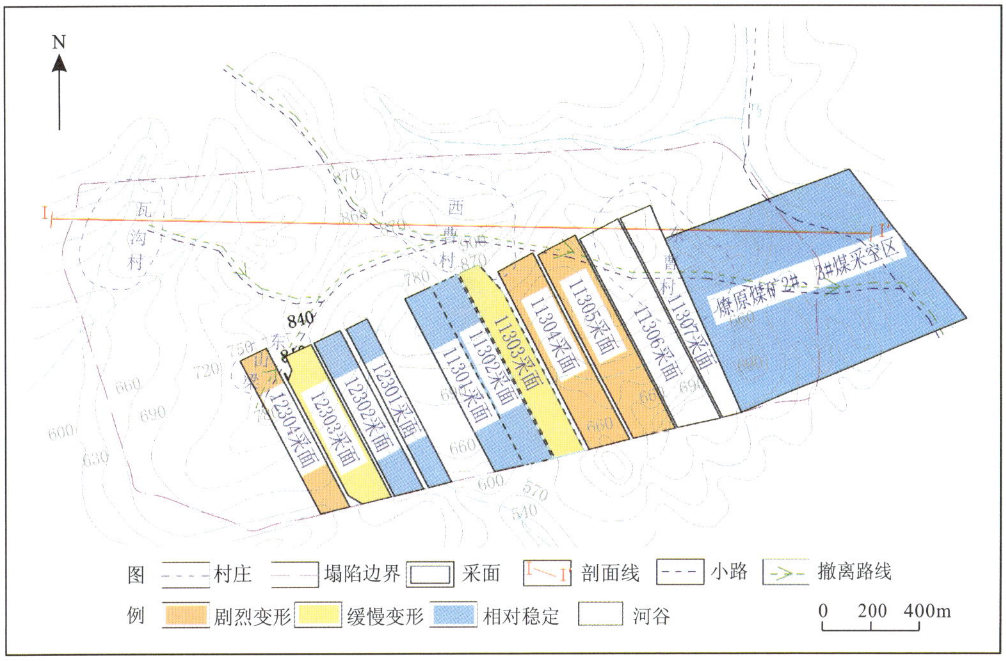

图 2 曹家山地面塌陷(HC0106)趋势预测平面图

图 3 裂缝错台

图 4 发育多条平行裂缝

1.1.4.2 塌陷坑

在开采薄基岩浅埋煤层时，地表有时会出现倒锥形漏斗和椭圆形塌陷坑。倒锥形漏斗一般呈上大下小的圆形或椭圆形塌陷坑，地表直径十余米至数十米，深度数十厘米至十余米。如板桥镇前锋村地面塌陷(HC0126)杨家圪崂组住户房前在调查过程中出现塌陷坑，坑口直径约 4m，深不见底(图 5)。

1.1.4.3 塌陷槽

在开采薄基岩煤层时，地表有时会出现塌陷槽，这种塌陷槽类似于地堑，其两侧为松散层裂缝，中间下陷，塌陷槽宽度一米至数十米，下陷深度一般十余厘米至数米。如桑树坪镇张家山地面塌陷(HC0120)，住户耕地内出现整体下陷现象，下错约 1.5m(图 6)。

1.2 滑坡发育特征

矿区滑坡的产生，除自然地质条件——岩石结构、岩层产状、水理性质及地形地貌条件外，矿区大量的人类工程活动，如切坡、地下开采等也是导致滑坡产生的诱发因素。煤矿开采引发地面塌陷，在地表产生拉张裂缝，裂缝的形成破坏了山体的完整性，加上地面塌陷使得上覆岩层结构松散，强度降低，有利于降水的深入，从而诱发山体失稳，产生滑坡。

韩城市因采煤塌陷引发的滑坡隐患点 4 处，其中岩质滑坡 1 处、碎石土滑坡 2 处、黄土滑坡 1 处，其规模为小型 1 处、中型 2 处和特大型 1 处。如西庄镇曹家山滑坡，因煤矿开采在坡顶产生拉张裂缝，引

图 5 房前出现塌陷坑

图 6 整体下陷

发滑坡发生(图 7)；韩城电厂滑坡(HC0003)，位于象山煤矿采空区上部，该滑坡的发生除自身“有利”的地形地貌和地质条件之外，采煤活动对该滑坡前期影响较大，在地下开采煤层时，破坏了岩层的自身平衡，应力重新分布，使岩层产生变形和位移，而岩层的变形、移动，是从煤层顶板的冒落、弯曲变形开始的。随着采煤的加深、采空面积的加大，岩层的弯曲变形程度也随之变大，致使更多的岩层发生变形、移动，并沿层面产生剪切变形。同时，由于岩层的冒落、弯曲，导致岩层产生断裂、出现空隙等，利于地下水的渗透，在水的作用下，岩石软化变形，当存在软弱岩层或夹层时，极大地降低了岩石的抗剪强度，利于岩层的变形，当变形达到一个极限值时，地下变形传递到地表，使地表发生变形，利于滑坡的发生。该滑坡发生时间较早，1985—1989 年电厂对该点进行工程治理，主要采用削方减载、坡脚修建抗滑桩，后期因红旗渠的渗漏以及一些其他因素，目前坡体处于蠕变变形阶段。

1.3 崩塌发育特征

在斜坡较陡处，易因采煤引发崩塌灾害，崩塌物呈碎块状，完全丧失了原有黄土或基岩结构。如西庄镇曹家山 1# 崩塌，下方为通村公路，因修路对坡体进行了开挖，形成高陡斜坡；下方为煤矿，因采煤使坡体形成了上下贯通的裂缝，引发坡体崩塌(图 8)。韩城市因采煤引发的崩塌灾害共 4 处，其中 3 处黄土崩塌、1 处岩质崩塌，规模以小型为主。

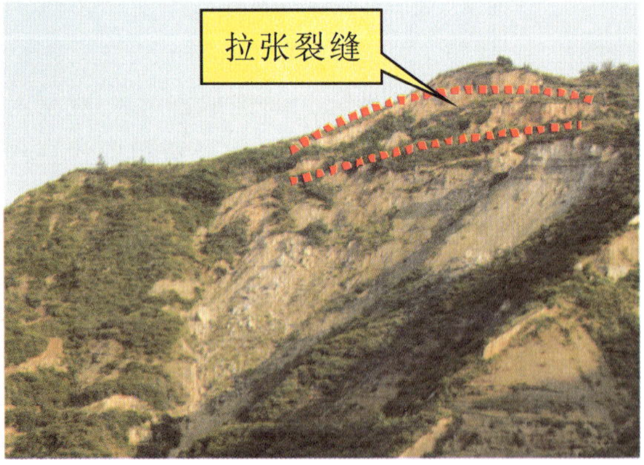

图 7 曹家山滑坡

图 8 曹家山崩塌

2 采矿对地质环境的影响

采矿的“破坏行为”在地面上主要表现为地面塌陷对其的破坏，其主要表现为对地表土地、住户房屋建筑、公路、周围山体的破坏，同时由于裂缝的出现，雨季将地表水导入下部土体，易引发滑坡、崩塌等地质灾害隐患，同时易增大矿井涌水量和引起煤矿井下水患。其主要危害方式如下。

2.1 地面塌陷造成地表建筑毁坏

区内村庄房屋结构主要为土木和砖混结构，还有部分为土窑洞，其抗变形能力差，塌陷往往使房屋受损，严重影响村民居住，房屋受塌陷影响破坏的特征为土窑塌方、倒塌，砖窑、砖房出现裂缝、门窗变形、地基隆起等。其破坏程度主要与采煤深度、采煤工艺、建筑物与工作面位置的相互关系以及建筑物的结构和工程地质条件有关(图 9)。

2.2 地面塌陷破坏椒田、耕地，造成作物减产

由于地面塌陷主要发生在低山丘陵区和部分黄土台塬区，同时由于韩城市独特的地理优势与气候，花椒闻名海外，主要栽种在阳光充沛与温差较大的低山丘陵区和黄土台塬区。地面塌陷使土地下沉，造成椒树死亡、减产等。据本次详查统计，地面塌陷共威胁土地 5880 亩。

2.3 地面塌陷损毁道路

地面塌陷对道路的损毁主要表现在路上出现裂缝，破坏路面，或者在路面上形成塌陷坑，影响行人行车安全等(图 10)。

图 9 破坏建筑

图 10 损毁道路

2.4 地面塌陷造成水土流失

煤矿开采引起地面塌陷或覆盖基岩冒落开裂等，引起地下水位的大幅度下降，泉流量减小，导致地表水流量减少甚至干涸；其次，采煤形成的冒落带和导水裂隙带在沟谷可贯通地表，使沟谷地表水渗漏，入渗井下采空区。

2.5 地面塌陷造成岩土松动

调查区部分沟谷地带地形陡峻，陡坎遍布，岩石风化强烈，坡体稳定性差，山体斜坡或陡崖部位在采煤工作面采动活动影响下，易出现岩土松动，发生落石、滑动等不良地质现象，进一步可导致滑坡、崩塌等地质灾害的发生。

3 煤矿区地质环境恢复治理现状及存在问题

3.1 煤矿区主要地质环境问题

煤矿开采区主要地质环境问题包括开采造成的地面塌陷破坏地形地貌景观、煤矸石不合理的堆积、因采矿造成的边坡失稳形成滑坡崩塌灾害、地下水系统的影响与破坏。其中，崩塌、滑坡的治理可采取

削方、清除危岩体、挡墙等技术彻底消除隐患，煤矸石的不合理堆积可以采取推平覆土或者对矸石山压实并修建格构、挡墙等的方式进行治理，但采空塌陷问题治理技术虽已成熟，但是在资金缺少等各种综合因素下，治理效果不明显，地下采空现状没有得到解决，周围住户受威胁现状没有得到改善，地下含水系统破坏依然存在，同时在地表仍表现着对地形地貌景观的破坏。本文通过对韩城市治理较好的煤矿区进行调查，对韩城市目前煤矿区治理现状进行论述，并对存在的问题进行浅析。

3.2 地质环境恢复治理现状

3.2.1 崩塌滑坡治理

矿区滑坡一般以土质滑坡为主，治理方法一般有：①削坡法，将斜坡削成台阶形，并在台阶播撒草种，固定土壤(图 11)。②喷浆护壁法或挡墙法，在滑坡表层喷洒水泥浆，固定松散土层或者在坡脚修建浆砌石挡墙，增强滑坡抗滑力(图 12)。

图 11 桑树坪矿区黄土滑坡治理

图 12 龙源煤矿工业广场滑坡治理

3.2.2 地面塌陷治理

矿区地面塌陷一般采用人工恢复和自然恢复，人工恢复一般是人工覆土填埋裂缝，并植树种草，洒水养护，直至基本恢复塌陷区生态环境(图 13)。

3.2.3 煤矸石复垦

一般将煤矸石填埋至沟谷，推平后覆土，覆土厚度一般为 0.5～1m，覆土后栽种树木，一般种植洋槐、油松等，间距一般为 1m×1m，定期洒水养护，长成后便可让其自然生长(图 14)。

图 13 桑树坪矿区塌陷治理区

图 14 兴隆煤矿煤矿石治理

3.3 存在问题

韩城矿区作为矿业开发老区，矿产资源的开发利用极大地促进了经济的发展，但是由于缺乏长期系统的监管，加之近年来矿业行情走低，缺乏资金治理，遗留了大量的地质环境问题，亟待解决。

(1)采煤沉陷区治理任务还很艰巨：目前韩城市因采煤出现的地面塌陷现象，大都对受威胁住户进行移民搬迁，未对地表塌陷、裂缝等破坏地面景观的现象进行有效治理，地貌景观未得到有效改善。采煤沉陷区治理难度较大、需要资金多，不同的裂缝情况需采用不同的方法进行治理，目前急需寻求一套合理有效的治理方法。

(2)煤矸石乱堆乱放：通过对煤矿区进行调查发现，部分煤矸石堆积不合理且未有有效的拦挡措施，易引发地质灾害。

(3)采煤方法的改进：目前韩城市煤矿开采大多采用综采法进行开采，对地表建筑及地形地貌景观及地下含水系统等破坏较为严重，为了从源头上杜绝或减小此类情况的发生。例如陕北地区，保水采煤在此处非常突出，2005 年范立民提出了合理选择开采区域和采用合适采煤方法的实现途径，最近几年在陕北煤矿开采中得以实践，取得成效。韩城市应加大研究探索力度，寻求一套适合本矿区地质特点的新开采方法。

4 结 语

(1)韩城市高强度煤矿开采造成了严重的地质灾害现象，通过对区内进行详细调查发现，韩城市因采煤引发的地质灾害为：地面塌陷、滑坡和崩塌。其中地面塌陷 28 处，滑坡 4 处、崩塌 4 处，尤以地面塌陷破坏严重。

(2)地面塌陷规模以中型为主，分布范围在市区以北呈带状分布，塌陷边界不规则，受地形影响较大。本文对韩城市地面塌陷确定方法进行了说明，并对塌陷区发展趋势进行了预测，为地方政府地面塌陷防治提供了基础依据。地面塌陷破坏形式多样，主要表现为地裂缝、塌陷坑、塌陷槽。

(3)采矿对地质环境的影响：造成地表建筑毁坏，破坏椒田、耕地，损毁道路，造成水土流失和岩土松动等。

(4)煤矿区地质环境治理现状不容乐观，治理效果不明显。按照建设生态文明和环境友好型社会的要求，对韩城市矿山地质环境问题防治，应坚持从源头上预防，中间治理和采后恢复，同时提高矿山地质环境保护与恢复治理水平。

参考文献

陈建平，范立民，杜江丽，等. 陕西省矿山地质环境治理现状及变化趋势分析[J]. 中国煤炭地质，2014，26(9)：54－56，64.

崔秀茹. 韩城采煤沉陷区综合治理的方法思考[J]. 发展论坛，2009，9(22)：24－25.

范立民，李成，陈建平，等. 矿产资源高强度开采区地质灾害与防治技术[M]. 北京：科学出版社，2016.

范立民，马雄德，李永红，等. 西部高强度采煤区地质灾害现状与防控技术[J]. 煤炭学报，2017，42(2)：276－285.

李成，陈建平，杜江丽，等. 石灰岩开采区硬岩边坡复绿技术及其适用性[J]. 中国地质灾害与防治学报，2016，27(2)：149－153.

李成. 陕西韩城煤矿群采区矿山地质环境恢复治理对策分析[J]. 中国地质灾害与防治学报，2013，24(1)：40－45.

向茂西，贺卫中，李永红. 陕西矿山地质环境问题浅析[J]. 地下水，2014，36(4)：89－91.

杨梅忠，闫嘉祺，王贵荣. 陕西韩城电厂滑坡成因的探讨[J]. 西安矿业学院学报，1995，15(3)：236－240.

浅谈CBS植被混凝土生态护坡的应用

岳　明，赖慧蕾

（陕西省一三一煤田地质有限公司，陕西 韩城 715400）

摘　要：CBS植被混凝土生态护坡新技术，主要是针对大于70°的高陡岩质边坡（混凝土）防护和绿化而开发的，通过在混凝土中添加绿化添加剂（A－B菌），可以改变植被混凝土的物理、化学性质，营造较好的植物生长环境，解决了高陡边坡的防护技术和园林绿化，它具有一定的强度和整体性能（能抵御110mm/h的强暴雨的冲刷，不产生龟裂），又是良好的植物生长基材，能够达到边坡浅层防护、修复坡面营养基质、促进植被良好生长的多重功效。本文以韩城市西山灰岩废弃采石场高陡边坡植被混凝土施工为例，对这种新型护坡技术进行了研究，阐述了技术要点，介绍了施工工艺，分析了工程效益。

关键词：施工工艺；植被混凝土；边坡绿化

0　引　言

CBS植被混凝土生态护坡技术是采用特定的混凝土配方和种子配方，对岩石高陡边坡进行绿化的新技术。是集岩石工程力学、生物学、土壤学、硅酸盐化学、园艺学和环境生态学等学科于一体的综合环保技术。技术的核心是水泥的大量应用，增强护坡强度和抗冲刷能力，但必须添加一种特殊的绿化添加剂，调节喷射基材水泥过碱、土壤结构问题，提高自净化能力、抗逆能力和生产能力，重建健康有生命的土壤基质。给植物的营养充分，为植物在混凝土中提供了生长的环境，有效地促进边坡恢复的进程。形成水稳性土壤团粒结构，实现保水、保肥，增加喷播基材抗逆性，促进植被的生长。

该技术应用于高陡岩质边坡的绿化治理，具有施工简单、易操作、绿化效果好的特点，同时解决了岩质边坡的浅层防护问题，可以说植被混凝土边坡绿化生态护坡技术真正实现了边坡防护和绿化两大功能的完美结合。

1　工程概述

韩城市西北部为构造剥蚀低中山区，沿边浅部褶断带北东-南西向延展，由寒武系、奥陶系灰岩组成带状山岭，灰岩直接裸露面积为29.52km^2，浅埋区面积为31.88km^2。沿山前分布着韩城市主要的采石场，据初步统计，仅在G5高速、108国道可视范围分布着20余个采石场，多数已被关停，采石场废弃后形成的基岩裸露面积约3×10^6m^2。采石场的开发破坏了原有植被覆盖层，导致了大量的裸露岩石和土地，造成了一系列的生态环境问题，如水土流失、危岩体崩塌、滑坡、泥石流、局部小气候的恶化及生物链的破坏等。

本次选择韩城市赵村废弃采石场高陡边坡进行生态恢复，坡体呈南北走向，长度约45m，高约50～60m，坡度约85°，面积约2400m^2。坡体生态条件恶劣，植被自然恢复困难。通过采用CBS植被混凝土

作者简介：岳　明（1965—），男，陕西铜川人，高级工程师，主要从事水文地质工程地质环境地质、煤田地质等技术工作。E-mail：1053986593@qq.com

边坡绿化技术，对高陡边坡采取 CBS 植被混凝土生态植被恢复，同时结合当地的气候特点，优选植物品种，最大限度地利用当地植物品种，结合景观设计，营造出层次丰富、和谐统一的自然生态景观群落。

2 CBS 植被混凝土生态护坡施工原理及流程

CBS 植被混凝土生态护坡是三峡大学的专利技术，是采用特定混凝土配方和混合植绿种子配方对岩石边坡进行防护和绿化的新技术，原理是将混凝土绿化添加剂、有机质、水泥和活化物充分均匀混合后掺入土壤基材中，采用喷播机喷射于边坡上。活化物是由固氮菌剂肥料、解磷菌剂肥料、硅酸盐细菌菌剂 3 种菌剂肥料混合活化而得，植被防护土壤基材活化，给植物的生长提供充足的营养成分，为植物在混凝土中提供生长的环境，对边坡绿化植物生长非常有利。同时可以使护坡基材中的微生物数量增加，利用微生物对有机质的分解和对矿物元素的释放和作用，增加土壤的养分活化速度，从而改变土壤团粒结构，增加土壤肥力，有效地促进边坡恢复的进程。

施工工艺流程为：搭设脚手架、坡面整治、挂网和锚钉的铺设安装、CBS 植被混凝土基材的制备、植被混凝土喷植、覆盖、养护。

3 CBS 植被混凝土生态护坡工程施工工艺及要点

3.1 搭设脚手架

试验段由于坡度陡峭，近乎直立，为确保安全，本次搭设了普通悬挑架双排脚手架，选用外径 Φ48mm，壁厚 3.20mm，钢材强度等级 Q235－A 的钢管，锻铸造扣件，200mm 竹架板。

3.2 坡面整治

主要是清除坡面的浮土浮石，对于明显存在危岩的凸出易脱落部分，进行击落，可先用电锤或风镐在凸出部分沿坡面钻出孔洞，然后用锤击落；对于明显凹进的地段，进行填补，可用风镐将需填补处凿出麻面，其深度不宜小于 1cm，然后用高压风、水将其冲洗干净，最后用 M7.5 砂浆将其填平。

3.3 铁丝网和锚钉的铺设安装

采用电锤垂直于坡面钻孔，击入锚钉。锚钉采用 Φ14mm 螺纹钢，长度 30～60cm 锚固，锚钉间距 1m×1m，孔深 20～50cm，外露 10cm 掰弯卡扣铁丝网。坡体顶部为加强稳定，可用长 60cm 进行加长加密处理，锚钉稍上倾，与坡面夹角 95°～100°坡体部分岩石严重风化处，视情况锚钉进行加长，以锚钉击入坡体后稳定为准。

按锚钉规格、入岩深度等配置好锚钉后，铺设加 14# 镀锌勾花铁丝网（网目 50mm×50mm）。网片从植被结合部顶左右展开、横向铺设，加筋网铺设要张紧，网间上下需进行 5cm 以上的搭接，网间左右需进行 5cm 的搭接，所有网片之间应用 18# 铁丝绑扎牢固，在锚钉接触处也一并用 18# 铁丝与锚钉绑扎牢固。网片距坡面保持 7cm 的距离，否则用垫块支撑，详见图 1。

3.4 养护喷灌系统水管的安装

采用 Φ16mm 螺纹钢筋锚固进行养护系统水管支护固定，长度 75cm，深入岩石 45cm，锚杆外露 30cm 垂直于坡面，水管与锚杆搭设之间应用 18# 铁丝绑扎牢固。喷灌系统由蓄水池、主供水管道、供水支管、摇臂喷头、水龙头和控制阀组成。主供水管道采用 Φ40PVC 管、供水支管采用 Φ32mmPVC 管、Φ20mmPVC 水管，喷头采用喷射为半径 4m 的摇臂式工程塑料喷头，喷头间距 8m，Φ32mmPVC 支管平行于坡面，上下间距 12m，详见图 2。

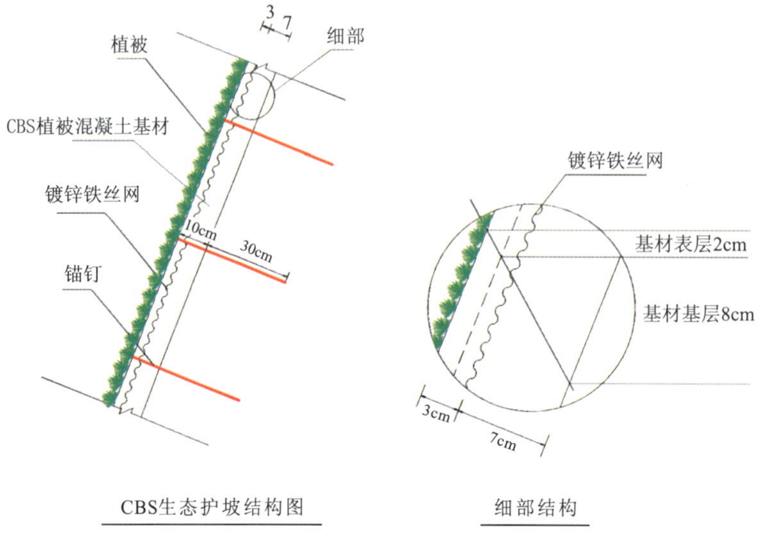

图 1　CBS 生态护坡结构图

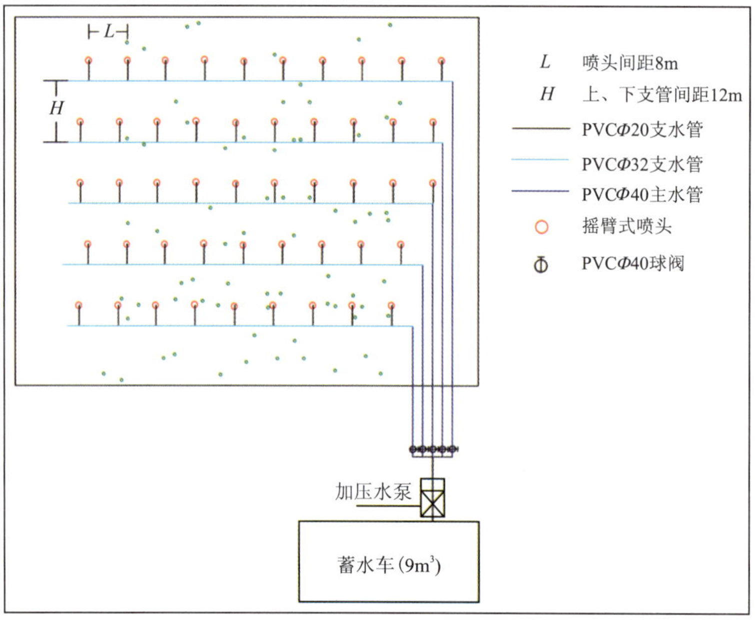

图 2　喷灌养护系统安装示意图

3.5　植被混凝土基材配制

考虑到韩城西山废弃石厂边坡坡度陡，本次在常用混凝土基材[由砂壤土、水泥、有机质、植被混凝土绿化添加剂(A－B 菌)混合而成]的基础上增加了保水剂和黏合剂，各组分材料的选择要求如下。

沙壤土：选择当地的地表粉土经风干粉碎过筛而成，要求土壤中砂粒含量小于 5%，最大粒径小于 8mm，含水量不超过 20%，为植物生长创造基本条件。

水泥：采用 P42.5 普通硅酸盐水泥，提高植被混凝土强度。

腐殖质：采用腐熟的木屑，改善土壤结构，增加养分。

植被混凝土绿化添加剂(A－B 菌)：采用三峡大学的专利产品(专利公开号：CN101608446)，添加剂能中和因水泥添加带来的严重碱性，调节基材 pH 值，降低水化热；增加基材空隙率，提高透气性；改变基材变形特性，使其不产生龟裂；提供土壤微生物和有机菌，有利于加速基材的活化；含有缓释肥和保水剂，钝化土壤中的有害重金属，降解或转化土壤中的有害化合物和病原物，促进喷射基材的“有机化”“空隙化”“生物化”，提高自净化能力、抗逆能力和生产能力，重建健康有生命的土壤基质。给植物的营养充分，为植物在混凝土中提供了生长的环境，有效地促进边坡恢复的进程。形成水稳性土壤团粒结构，实现保水、保肥，增加喷播基材抗逆性，促进植被的生长。

保水剂：喷播专用保水剂是一种无毒、无害的高分子聚合物，能够吸收自身重量400倍的水分，具有快速吸水、缓慢释放、促进植物吸收的特点，它能够增强土壤和基质的保水保肥能力，改善土壤的团粒结构，持续供应植物生长所需水分，抗旱抗逆，节水省肥。保水剂的使用能够明显地提高植物种子的生根发芽率，保证植物的生长质量，延长绿期。

黏合剂：喷播专用黏合剂是一种有机高分子材料，系水溶性土壤调节剂，它施加在混合浆中可以起到润和作用，防止纤维结团，降低喷浆阻力；喷播后提供了纤维和土壤与纤维之间更强的黏合力，防止风和雨水造成的覆盖物和土壤的流失，在干燥炎热的天气里，覆盖物形成的表层膜可以封闭潮气，降低土壤及纤维的水分蒸发量，提高土壤的渗透力、保水力和缓释性能。

本次使用的混凝土基材配制见表1。

表1 植被混凝土基材配制表 单位：kg

配比（质量比）	砂壤土	水泥	锯末	保水剂	黏合剂	混合草籽	植被混凝土添加剂（A-B菌）
基材基层	100	10	5	0.5	0.5		5
基材面层	100	6.5	5	0.5	0.5	0.5	5

按配合比制备各组分材料，利用搅拌机充分搅拌后待用。表层基材搅拌时应加入植物种子。

本次使用的植物种子配制见表2。

表2 单位平方米种子用量表

序号	植物种子名称	每克种子个数（粒/g）	喷播用量（g/m^2）	备注
1	高羊茅	500	10	草本、冷季型
2	黑麦草	500	10	草本
3	狗牙根	3940	5	草本、匍匐生长
4	刺槐	200	2	灌木
5	波斯菊	130	2	草本
6	紫花苜蓿	430	10	豆科、根瘤菌

3.6 植被混凝土的喷播

完成坡面整治、网和锚钉铺设，养护水管的安装，并做好植被混凝土基材组分备料并配置后，即可进行植被混凝土基材喷植养护。喷植所用设备为一般混凝土喷射机，分基层和面层分别进行，从坡面由上到下进行喷播，先基层后面层，每次喷护单宽4～6m，高度3～5m。

喷播采用12立方的空压机送风，采用干式喷浆法施工。

基层喷播：在喷浆之前再次检查坡面上的浮土、浮石是否清理干净，确认后用水进行坡面喷淋，以促使喷射植被混凝土基材与坡面连接紧密，然后进行试喷试验，以调节水灰比，再进行喷浆施工；基层的喷护厚度为7～8cm，喷射作业开始时，应先送风，后开机、再给料，喷射结束时应待喷射料喷完后，再关风。

基层喷播控制措施：基层喷射混凝土可一次性喷至设计厚度，不需分层喷植；喷射过程中，喷嘴距离坡面的距离控制在0.6～1.0m，垂直于坡面，最大倾斜角度不能超过10°；喷射中，喷射头输出压力不能小于0.1MPa；喷射采用自上而下的方法进行，先喷凹陷部分，后喷凸出部分；喷射移动可采用"S"形或螺旋形移动前进。

表层喷植：基层施工结束后8h以内进行表层喷护，一般控制在3～4h；表层的喷护厚度为2～3cm，表层喷护之前在坡面喷一次透水，保证基层和表层的黏结；近距离实施喷播，以保证草籽播撒的均匀性；喷播采用由上至下的方式进行，单块宽度按4～6m进行控制。

3.7 强制性养护与管理

俗话说"三分种植，七分养护"，后期强制养护非常关键，强制性养护指的是喷播结束后的头两个月日常进行的给植物浇（洒）水工作。具体是在喷播结后两天内，在基材表层加盖遮阳网，一是起到保墒、控温的作用，提高植物种子出芽速度；二是防止植物种子被风吹走和被飞禽啄食，提高植物种子出芽率和成活率。安装喷灌系统，实行每天的均匀浇水养护。

强制性养护阶段还应注意植物种子的出芽均匀度和出芽率，对局部出芽不齐和没有出芽的坡面要进行补植，当然也包括对栽培植物的成活率监测，及时更换或补种没有成活的苗木。

强制性养护中需要防治苗木病虫害的发生，对可能出现的病虫害要进行病理性分析，有针对性地采取治理措施。

3.8 常规养护与管理

在强制性养护结束后，进入为期10个月的常规养护。其目的是保证植物的正常生长，让植物接受一个生长周期的检验，同时建立乡土植物的生长环境，进入生态修复的自然循环过程。其具体工作包括：

（1）监测植物生长过程中对水分的需求，适时利用喷灌系统为植物补充必要的水分。

（2）监测植物生长过程中的抗逆性能、在极端气候（强暴雨、长时间干旱、高温、低温等）情况下植物生长态势，采取对应措施（补植、修剪、支护、间伐、补水、补肥等）保证植物成活。

（3）监测植物生长过程中抗病虫害的能力，及时发现并处理病虫害隐患。

（4）工程缺陷修补，对可能出现的边坡植被基材垮塌、树木死亡等进行喷播和补载，对损坏的喷灌系统进行修复。

4 已建设项目情况

韩城市西山废弃石厂高陡边坡CBS植被混凝土生态绿化试验项目，自2015年于3月26日开工，2015年5月12日竣工，施工历时48天，建设面积约2400m^2，喷播后15天长幼苗，30天左右覆盖率达70%，株高50～100mm，植被品种有高羊茅、黑麦草、狗牙根、刺槐、波斯菊、紫花苜蓿，植被生长正常，单平方米造价220元。

5 结 论

植物的生长讲究适者生存原理，CBS植被混凝土技术最根本的一点就是为植物提供永久营养土，只要基材层永久附着在边坡，那么也就为任何植物的生长提供了先决条件。

目前应用了CBS的坡面植被生长良好。未发生坡面坍塌、基材与坡体剥离等现象，可以预见，随着应用年限的增长，本地植物的组建进入和先锋物种的退化，边坡植被的物种结构、物种多样性将逐步增强，岩石边坡的生态功能将逐步达到与周围自然环境一致。

植被混凝土生态护坡技术因工艺简单、操作方便、选材方便，无疑是一项值得推广应用的技术。韩城地区有大量的废弃石厂裸露高陡边坡，CBS植被混凝土边坡绿化技术的成功运用，使石头上长出了青草,极大地改善了环境,实现了自然环境的和谐统一,符合生态保护与可持续发展的基本国策。可以预见,不远的将来,韩城乃至渭北,甚至全国 CBS 植被混凝土生态护坡绿化技术有着广阔的市场前景。

参考文献

陈建平,范立民,杜江丽,等.陕西省矿山地质环境治理现状及变化趋势分析[J].中国煤炭地质,2014,26(9):54-56,64.

李成,陈建平,杜江丽,等.石灰岩开采区硬岩边坡复绿技术及其适用性[J].中国地质灾害与防治学报,2016,27(2):149-153.

李辉,李永红,康金栓,等.陕西省韩城市西山灰岩群采区矿山地质环境问题及恢复治理探讨[J].灾害学,2014,29(3):139-143.

许文年,王铁桥,叶建军.岩石边坡护坡绿化技术应用研究[J],水利水电技术,2002,33(7):35-37.

叶建军,许文年,王铁桥,等.南方岩质坡地生态恢复探讨[J].岩石力学与工程学报,2003,22(S1):2245-2249.

旬阳县铅锌矿矿区环境地质问题与防治对策

张秦华

（陕西省地质调查中心，陕西 西安 710068）

摘 要：依据野外调查资料和3个矿的矿山恢复治理报告，对关子沟大庙一号铅锌矿、关子沟铅锌矿（整合区）和白家坡铅锌矿（整合区）3个矿区开采引发的地质灾害、含水层、地形地貌、土地资源等环境问题进行了详细的分析。在此基础上，根据实际情况，提出了矿区不同环境问题的防治措施。

关键词：旬阳县；环境问题；滑坡；泥石流；地面沉陷；防治分析

关子沟大庙一号铅锌矿、关子沟铅锌矿（整合区）和白家坡铅锌矿（整合区）位于陕西省旬阳县城25°～60°方位，距县城46km。地处秦岭南坡，行政区划隶属旬阳县关口镇管辖。矿区地理坐标为东经109°34′01″—109°35′10″，北纬32°56′55″—32°57′42″。具体矿权设置范围，见图1。但长期以来，对金属矿等资源保护认识不足，对环境和生态保护重视不够，形成了采矿工业粗放经营的经济增长模式。这一经济增长模式在造成资源严重浪费的同时，也带来了一系列的环境问题，在3个矿区已表现得十分严重。

为了保护矿山地质环境，减少矿产资源开采活动造成的矿山地质环境破坏，保护矿区人民生命和财产安全，促进矿产资源的合理开发利用和经济社会、资源环境的协调发展。查明矿区地质环境现状及铅锌矿开发对地质环境影响程度，提出保护与治理措施尤为重要。

1 矿区地质环境条件和采矿条件

矿区位于旬阳县东北，属凉亚热带气候区，雨量充沛，气候湿润，四季分明。年最大降雨量1085.2mm，日最大降雨量122.5mm，雨季集中在每年的7—9月份。

矿区水系属汉江水系，关子沟为汉江一级支流。关子沟常年有水，沟谷内水系呈树枝状，上陡下缓，左右两岸基本对称；主河道长约16.5km，流域面积约1.78km^2。正常流量7.2L/s，流速0.45m/s，遇暴雨流量及流速激增，暴雨后流量、流速则迅速衰减。另外曹家沟、周家沟、茅坡沟等支沟，常年流水。

矿区位于秦岭南坡，汉江北岸，为低中山地貌。区内出露地层主要为志留系千枚岩、第四系全新统冲洪积层和坡残积层等。矿区位于大羊山复向斜南翼，汉江复向斜北翼，褶皱、断层、劈理发育。区内新构造运动主要表现为间歇性的差异升降运动，矿区为强烈上升区。根据含水介质的不同，调查区地下水类型为第四系孔隙水和基岩裂隙水。区内岩体为薄层状变质千枚岩组、厚层状炭酸盐岩组，土体为第四系残坡积碎石土。

关子沟铅锌矿整合后开采K2－2、K3－2、K3－3、K3－4、K4－1、K4－2、K10共7个矿体，关子沟大庙一号铅锌矿以K2矿体为矿内主采矿体，白家坡铅锌矿（整合区）开采K2、K3、K4共3个矿体。矿山采用地下开采方式开采。工程布局围绕各矿体展布，主要由采矿工程之硐口、巷道、斜井、回风井等和工业场地组成。矿区采用平硐-盲斜井开拓方式。受矿体埋藏深度、矿区地形特点、斜井开拓方式的影响，

作者简介：张秦华（1979—），女，陕西岐山人，高级工程师，主要从事水工环方面的工作。E-mail:251697545@qq.com

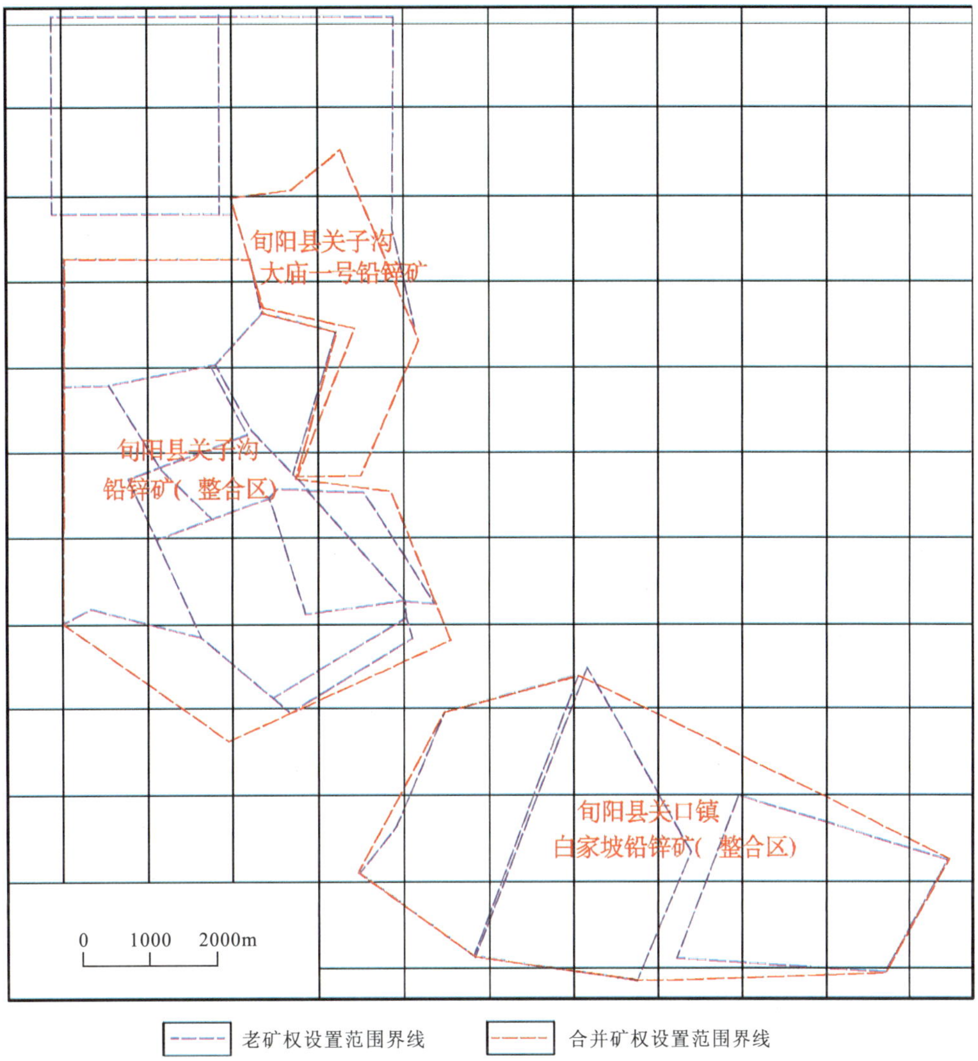

图 1 矿区矿权设置

各中段均无坑口直通地表，坑道涌水及生产废水均采用机械扬送方式排水。采矿选用全面采矿法。矿块沿走向布置，矿块平均长 40～60m，阶段高 20m，顶柱 2m，间柱宽 6m，底柱高 4m，人行通风上山沿矿体下盘布置在矿房间柱内。整合区开采矿体埋藏深度均在 100m 以下，150m 以上，且区内岩石稳固性较好。矿体平均厚度最大的仅 1.76m，井下回采时，地表岩石基本不发生移动。但由于浅部的各矿体已基本采空，形成了较大的空区，局部已引起地表塌陷。

2 矿区主要环境问题

2.1 矿山开发引起的地质灾害

2.1.1 废渣

矿区开采历史时间长，坑道数量众多。根据野外调查，矿区内存在 13 处规模不等的废渣(Z1、Z2、Z3、Z4、Z5、Z6、Z7、Z8、Z9、Z10、Z11、Z12、Z13)，沿关子沟和茅坡沟中下游分布。矿渣体积达 58 100m^3，占地类型为耕地、荒地和沟道，共 32.6 亩。

2.1.2 滑坡

矿区的滑坡位于斜坡体上和公路边，且全为浅层坡积层滑坡。野外调查滑坡 3 处，都为小型。

2.1.3 泥石流

据野外调查，区内发育 1 处泥石流，为中型泥石流，易发程度为中易发。关子沟流域内上游近沟脑矿权密集，铅锌矿的开发利用，在泥石流形成区内形成了大量的废渣。废渣沿沟补给量较多，加之关子沟谷坡两侧坡残积物在降水作用下易沿下伏基岩面发生滑动，也构成了泥石流的物质组成之一。粗略估算流域内松散物储量(含坡残积层)大于 $10\times10^4 m^3$，泥沙沿程补给长度达 80%。2010 年该区遭遇百年一遇的暴雨，从而引发沟谷型泥石流灾害暴发，废渣及残坡积层在关子沟内淤积，部分地段泥位高达 3～5m，河流变成灰色条带状，同时将沟内浆砌坝淤满，部分废渣越过坝体向下游扩散。泥石流形成区近沟脑，流通区和堆积区以白家坡矿权东侧为界，上游为形成区，下游为流通区(图 2)。泥石流堆积物严重影响了河道的泄洪，威胁矿山工程的安全。

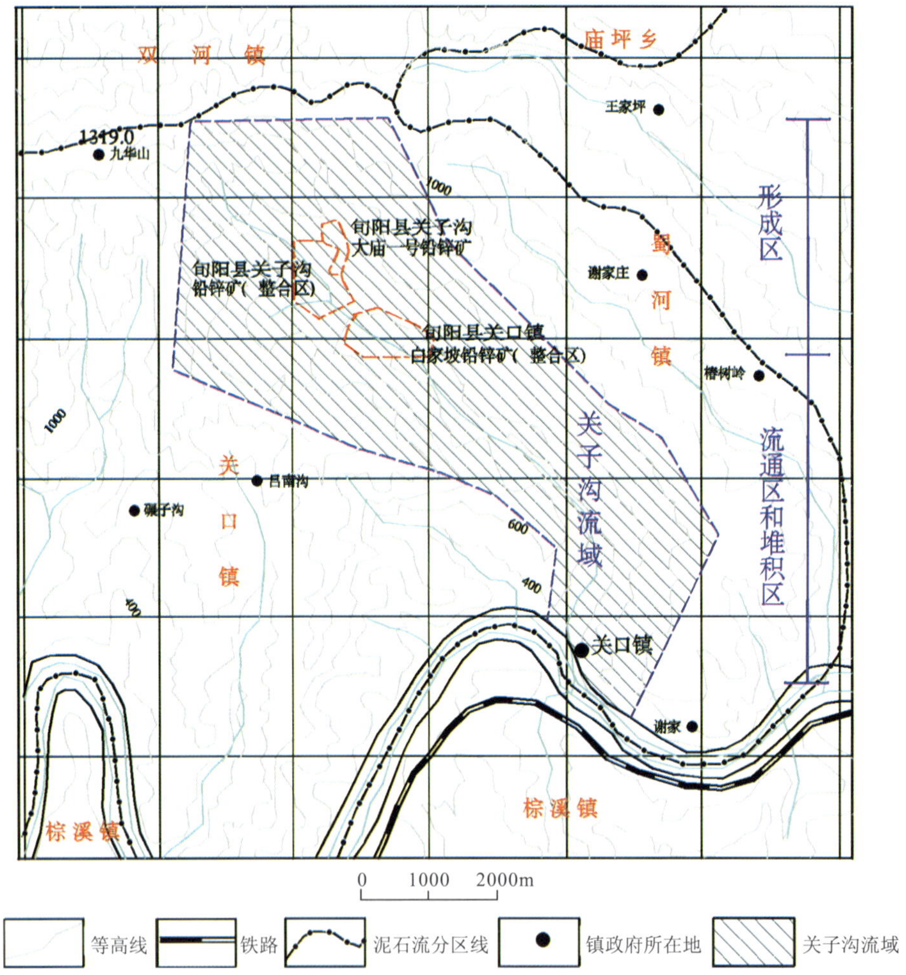

图 2 矿区泥石流平面图

2.1.4 地面塌陷

矿区现存在地面塌陷 8 处，全为小型，塌陷面积总计 $1.82km^2$。采空区地面塌陷隐患主要位于矿区矿体开采区，地下矿体开采后成为空腔，因而形成采空区地面塌陷。据野外调查，地表未发现明显的裂缝，但由于有巷道局部地段有坍塌现象，故地面塌陷隐患整体稳定性较差。由于采空区内无村民居住，也无通村公路，地表为荒地，地质灾害影响程度为较轻。

2.2 矿山开发对含水层的影响

矿区最低侵蚀基准面标高为550m、570m、400m(按以下矿山名称排序),矿体位于当地最低侵蚀基准面以下。

2.2.1 关子沟矿(整合区)

据调查访问,矿区在降雨后井巷涌水量变化不明显,而丰水期(雨季)涌水量大于枯水期涌水量。地表水入渗地下基岩裂隙含水层后,从标高高的坑道流向深部集水坑,抽水量在90～110m^3/d;据储量核实报告,享通3号坑道在正常情况下,单位涌水量为12.5L/s(1080m^3/d)。整合区范围内分布有曹家沟、冼家沟、周家沟、茅坡沟4条支沟,常年有溪流。沟内居民稀少,经现场观察,水质清澈,可作为矿区生活用水水源。当地居民多使用沟谷中的自流水,未发现有地方病等危害健康的异常情况。

2.2.2 关子沟大庙一号矿

从已掘进巷道观察,单位涌水量为2～6L/s,坑内涌水量不大,K1矿体开采形成的采空区内无积水,矿山开采未造成地下水疏干或干涸。

2.2.3 白家坡矿(整合区)

据调查访问,矿区在降雨后井巷涌水量变化不明显,而丰水期(雨季)涌水量大于枯水期涌水量。地表水入渗地下基岩裂隙含水层后,从标高高的坑道流向深部集水坑。据开发利用方案,区内涌水量比较大的CD1平硐,单位涌水量达6L/s。平硐内地下水成点滴状从顶板渗出,而其他平硐内无地下水。当地村民生活饮用水均引自矿区上游沟谷,矿区开采未对其产生影响,目前水质、水量均能满足当地村民生活用水要求。

综合以上情况可见,矿井正常涌水量小于3000m^3/d,矿区及周围主要含水层水位下降幅度小;矿区及周围地表水体未漏失,矿区开采未影响到矿区及周围村民生产生活供水,采矿对含水层影响程度较轻。

2.3 矿山开采对地形地貌景观的影响

矿区两侧谷坡植被茂密。目前的采矿活动不可避免的山体剥离,去除表层灌木林、杂草等植被,对周围生态环境造成一定程度的破坏和影响并导致水土流失。同时矿山开采对地质结构也造成一定破坏,是一种不可恢复的或短期内难以迅速恢复的影响,加之大量废渣沿支沟堆积,压占了沟道的行洪通道,对沟道的景观有一定的影响。采矿活动对地形地貌景观影响程度为较严重。

2.4 矿山开发破坏占用土地

主要是废渣对耕地、荒地和河道的占用以及地面塌陷对荒地的破坏。据调查,废渣占用耕地5.4亩,荒地和河道21.7亩;地面塌陷破坏荒地27.3亩。

3 主要环境问题的防治措施

3.1 矿区开采引发的地质灾害防治

矿区矿产资源开采引发滑坡、泥石流、地面塌陷等地质灾害。针对矿区地质灾害发育的特点,不同灾害采取不同的防治措施。

3.1.1 对堆渣的处理

矿区内13处废渣,主要采取清淤办法运走。

3.1.2 对滑坡的发生地段的防治

对矿区地质环境差,工程活动强烈的区域,采取工程措施为主,生物为辅的措施。滑坡的治理方法主要是采取支挡、加固边坡、改变滑体外型及疏排地表、地下水等措施以防治滑坡。同时，对滑坡的周围环境进行监测，主要是地面变形监测和雨量监测。

3.1.3 对泥石流的防治

对矿山泥石流的治理主要以拦挡为主，并进行排泄疏导，即在极易发生泥石流的地段根据地形条件，修筑拦截坝，拦淤、封固流域内大量的松散固体物质。并在合理位置修建沟渠，使治理后的泥石流能快速流畅地排走。

3.1.4 对地面塌陷区的防治

区内地面塌陷隐患主要为采空区引发，在地面塌陷隐患监测预警前，首先了解矿区井上井下对照图，了解区内采空区分布情况，分类采取措施后再进行地面监测。一方面是要掌握地面塌陷的前兆现象；另一方面是获得前兆现象变化过程资料，以便于分析判断其发展趋势，为及时采取应急措施提供依据。监测方案包括：①监测点布置。在采动岩石移动范围内，可能出现地表变形与非变形部位布设若干水泥桩，形成监测网点，以全面掌握塌陷变形情况。②监测方法。监测方法可因陋就简，以能取得监测数据为原则。如开采初期用钢卷尺测量桩间距变化，地表若出现裂缝后，在裂缝的不同部位（如裂缝两头、中部等）钉上小木桩，测量二者距离变化情况。③监测时间。从发现异常的时候起开始定时监测，如异常变化剧烈时应增加监测次数。④监测记录。监测数据应列表记录、力求完整。绘制裂缝随时间、雨强等的变化曲线，为分析判断提供基础。⑤险情警报。当有异常出现、判定确为险情时，应及时上报并果断采取应急措施。

3.2 对含水层的监测

整个矿区开采对含水层影响较小，因而对含水层只采取监测。监测方案包括：①监测内容。定期测量地下水水位、水量，采集水样进行分析；矿井水的监测主要内容为矿井涌水量。②监测点布设。根据矿山的生产活动可能对地下水环境的影响程度，结合防治目标、措施等确定地下水动态监测点 1 个。③监测方法。地下水位监测频率每月 2 次，每年在丰水期和枯水期分别测定水量，矿井涌水量的监测频率为每月 2 次。地下水监测应由矿山企业负责或委托有资质的单位专业人员进行监测并确定位置。对矿体顶底板围岩与巷道周边的变化情况和矿井涌水情况（包括水量、水质和气味等）进行监测，并及时采取相应措施做好预防工作。在采掘工作面或其他地点发现挂红、挂汗、空气变冷、出现雾气、温度骤然下降、淋头水加大、底板涌水或有水叫声等现象时，必须立即停止工作，撤出人员，并向矿长汇报，采取措施，进行处理。④技术要求。a. 做好监测点保护工作，水位监测点应做标记，使监测位置在同一个点上；b. 矿坑水流量监测可采用流量表或堰板法，针对主要裂隙含水层段进行动态观测，并制定相应的“探、排、堵”等综合措施；c. 地下水监测点方法和精度满足《供水水文地质勘察规范》(GB 50027—2001)的要求。⑤监测记录。监测数据应列表记录，绘制水位动态变化曲线，为分析判断提供基础。⑥险情警报。当水位出现异常时，应及时上报并果断采取应急措施。

3.3 矿山土地复垦与生态环境建设

3.3.1 堆石场复垦

在堆石堆上采用“平整—覆土—植树”的方法进行复垦，利用穴式或全面换土的方法来增加土壤母质，以保证植物正常生长。

3.3.2 塌陷区复垦

采矿塌陷区主要集中在山区，山高路陡，人员一般难以到达，因而塌陷区的治理靠自然的坍塌回填和植被绿化进行。

3.4 矿山地质环境监测

矿山地质环境监测主要是对矿山水土资源、矿山地质灾害发展和变化趋势进行长期跟踪观测，为矿山地质环境保护和治理提供依据。3个矿山地质环境监测重点为地面变形监测和地下水水质监测。

3.4.1 地面变形监测

3.4.1.1 监测内容

地面变形监测主要是监测塌陷区形态、地面工程设施破坏与土地破坏情况和现有地质灾害监测。

(1)采空区地面塌陷监测:包括塌陷发生的位置、范围、深度、积水深度及地表破坏程度,塌陷裂缝发生的位置、长度、深度、宽度及危害情况等。

(2)地面工程设施破坏与土地破坏情况:主要包括工业广场、房屋、道路、土地等的变形破坏情况。

(3)地表水体监测:地表水体的干枯状态。

(4)地下水监测:矿井废水排放量、水质等。

3.4.1.2 监测方法

地面变形监测采取专业监测方法。首先在矿区及周边设立水准基点网,地表变形情况采用GPS或水准仪进行水准测量,地裂缝变形采用地面观察、钢尺丈量并填表等方法,定期监测、记录。

3.4.1.3 监测网点布设

监测网点的布设原则,以达到基本控制塌陷区形态、较准确测量塌陷区面积和深度为宜。在矿区结合工作面推进情况布设监测网,而后根据采区布置逐渐完善矿区地表变形监测体系。首先,沿矿区周边设监测基准网,埋设基本水准标石4个,标石埋深2m,底座1.2m×1.2m×0.5m,其上为0.4m×0.4m×1.3m的柱形桩;其次,在拟采工作区交叉布设短水准监测线、形变场监测线、蠕变仪监测线及简易监测台站,埋设普通标石进行常年定期监测(普通标石10cm×10cm×50cm,埋深30cm),布点时应在地表塌陷区域周边100m及地裂缝延伸方向100m长度范围内至少各布1条监测线控制,并根据采区及工作面接替,健全涵盖整个矿区的监测体系;最后,将测线的始、终点与国家水准测量网点、地面沉降监测网点及地震形变监测网点并网或作为国家水准网的支线,注意与水准测量、地面沉降监测的同步进行,以便监测数据的综合对比分析。

监测线尽量设为直线。短水准测量线一般设垂直和斜交地裂缝的短基线各一条,其中垂直基线用于研究地裂缝的水平拉张和垂直升降,斜交基线用于研究地裂缝的水平扭动。垂直基线长度不小于100m,测点距离在避让带为0.5m,次不安全带为1m,次安全带为2m,安全带为5m。形变场以正方形为宜,边长100m左右,蠕变仪监测线长度不小于地裂缝带的宽度。

监测基准网可按三等水准测量施测,形变监测点可按四等水准测量施测。

3.4.1.4 监测频率

监测频率为每月一次,每年12次,活动异常期可适当加密监测时段。主要监测开采工作面、老采区采空区及周边的地表变形情况,随开采工作面移动监测点,其中蠕变仪为连续自动记录,将监测数据填入专制的表格,并在3日内进行变形曲线绘制、变形分析。每次应先行复测监测基准网,然后再进行各监测点的常规测量。

3.4.2 地下水监测

3.4.2.1 监测内容

由于矿区沉降变形可能导致含水层破坏,且井下常年抽排水会造成地下水水位下降,形成区域性降落漏斗,因此需对矿井常年排水量进行监测,记录工作面涌水量的变化情况(应区分单矿开采与周边矿权同时开采时的水量变化),同时采集水样进行水质分析。按照《水文普通测量规范》(SL 58—1993)测量、记录并核测,监测水量和水质的变化趋势。

3.4.2.2 监测方法

水量监测宜在井下进行,采用水表测量;水质监测采用定期取样分析。监测和采集水样的频次、分析项目、分析时限、程序、方法、质量控制,水样的存放与运送,水样编号、送样单的填写,分析结果记载表和测具检定要求,均按《水环境监测规范》(SL 219—98)执行。

3.4.2.3　监测频率

水量监测为每月1次,水质监测为每季度1次。

4　结　论

通过对关子沟矿(整合区)、关子沟大庙一号矿、白家坡矿(整合区)3个矿区地质环境问题的分析,初步掌握了矿区资源开发过程中遇到和诱发的环境地质问题。针对所存在的环境地质问题,提出了不同的防治措施,为3个矿区的环境治理恢复提供依据。

参考文献

何江飞,张锦,张秦华,等.旬阳县关子沟铅锌矿(整合区)矿山地质环境保护与治理恢复方案[R].西安:陕西工程勘察研究院,2011.

侯喜燕,许冰权,张锦,等.旬阳县关子沟大庙一号铅锌矿矿山地质环境保护与治理恢复方案 [R].西安:陕西工程勘察研究院,2011.

李庶林.论我国金属矿山地质灾害与防治对策[J].中国地质害与防治学报,2002,13 (4):44-48.

李元林,陈进,段启彬,等.开阳县金中磷矿区地质灾害及地质环境分区研究[J].贵州师范大学学报(自然科学版),2016,34(1):28-31.

石宝玉,胡慧萍.山东省主要地质灾害及防治对策[J].山东地质,1998,14(2):46-51

苏凯峰.河南永城煤炭矿区环境地质问题及防治对策[J].中国地质灾害与防治学报,2014,25(3):1-5.

苏志军,许多,王迎霜,等.河北矾山磷矿矿山地质环境及地面塌陷监测[J].地质灾害与环境保护,2014,25(3):43-48.

张秦华,许冰权 侯喜燕,等.黄龙县小寺庄煤矿(整合区)矿山地质环境保护与治理恢复方案[R].西安:陕西工程勘察研究院,2011.

张秦华,许冰权,张锦,等.旬阳县关口镇白家坡铅锌矿(整合区) 矿山地质环境保护与治理恢复方案[R].西安:陕西工程勘察研究院,2011.

神府矿区煤层自燃塌陷区地质环境治理

周　阳[1]，陈高言[2]，杨　柳[2]，刘元元[2]

（1.陕西省地质调查中心，陕西 西安 710068；2.西安科技大学，陕西 西安 710054）

摘　要：通过对综合治理区及影响区的地质环境现状进行调查分析，评价煤层自燃和采煤塌陷区引发的环境地质问题，评述预期治理区的地质环境综合治理的合理性和必要性。结合治理区及影响区的矿山地质环境现状及存在的主要问题，提出火烧区治理技术研究的措施、方案及建议，切实达到消除煤矿生产安全隐患、减少地质灾害、保护环境、回收资源等目的，为今后的相关工作提供了有力的技术支撑。

关键词：煤矿塌陷区；地质环境；恢复治理；煤层自燃；神府矿区

0　引　言

神府矿区主采延安组 2^{-2}、3^{-1}、5^{-2}煤层。煤矿内地质构造简单，煤质优良、煤层稳定、开采条件优越。煤矿开采内部条件较好，外部条件日益完善。

在某煤矿南部局部沟道两侧存在大量的民采，已经先后引起了煤炭自燃，部分偷采区域井下连通，形成良好的通气通道，有利于煤炭的自燃，将严重影响矿井的安全，自燃矿井在产生火灾的同时还产生大量的有毒有害气体，这些灾害经常通过吸入式通风系统，传到相邻生产采区和相邻生产矿井，对生产将带来严重的危害，安全隐患大。民采采取的是房柱式开采，回采率很低，形成大量的边角煤和残留煤，对煤炭资源造成极度浪费。在沟道两侧，由于民采引起的采空区上部由于埋深较浅，上覆基岩较薄（小于 10m），在非法偷采区域的上部形成了大量塌陷区。综上，对该矿煤炭自燃火烧隐患区及采煤沉陷区地质环境进行综合治理已迫在眉睫。

1　研究区地质环境条件

该煤矿位于陕北黄土高原北端，毛乌素沙漠东南缘。属中温带半干旱大陆性季风气候区，冷暖干温四季分明。年平均温度 8.8℃，极端最高气温 38.9℃，极端最低气温－24℃，年平均降雨量 447.12mm。地貌单元属黄土梁峁区，地表基本被第四系黄土和新近系红土所覆盖，基岩在煤矿南部沟谷中出露。本区属黄河一级支流窟野河流域范围，虽然沟谷发育，但因气候干燥，降雨微弱、地形破碎、植被稀少、水土流失等因素，地表水流量有限，且多属季节性河流，受降雨影响十分显著。依据地质填图及钻孔揭露，区内地层由老至新依次为：三叠系上统永坪组（T_3y）、侏罗系下统富县组（J_1f）、侏罗系中统延安组（J_2y）、新近系上新统保德组（N_2b）、第四系中、上更新统离石组和马兰组（Q_2l+Q_3m），全新统冲积层（Q_4^{al}）。

本区的含煤地层为大型内陆湖泊三角洲沉积的侏罗系中统延安组（J_2y），可采煤层为 2^{-2}、3^{-1}、3^{-2}三层。本次治理区煤层为 2^{-2}煤层。2^{-2}煤层位于延安组第Ⅳ岩段顶部，大部可采中厚煤层，煤层厚度变化较小。基本不含夹矸，结构简单。煤类为不黏煤 31 号（BN31），煤类单一，煤的灰分、硫分变化小，属稳定型煤层。

作者简介：周　阳（1986—），男，陕西咸阳人，工程师，主要从事水工环地质工作与研究。E-mail：77196410@qq.com

经实地调查，2^{-2}号煤部分已采空。本区由于内煤层上覆岩土层薄，煤层厚，区内民采现象严重，已发现多处民采点和火烧点，造成多处自燃火烧区或煤炭自燃隐患区。不仅对矿方合法利益形成损害，且形成的采煤塌陷区，裂隙发育，对所在区域造成相当大的灾害隐患和环境污染。根据政府精神，结合煤矿矿权范围的煤层自燃火烧区和采煤塌陷区的分布，拟对 2^{-2} 号煤进行地质环境综合治理，剥采采空残余煤和边角煤，预期包括 3 块综合治理区，本文以一号治理区为例。

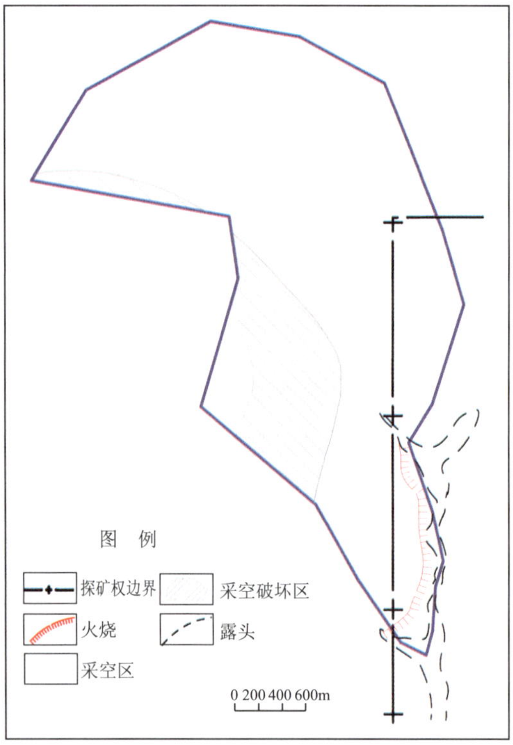

图 1　一号治理区火烧边界

一号治理区面积 0.344km^2(516 亩)，为 2^{-2} 煤层的煤炭自燃火烧区及采煤沉陷区(图 1)。治理区的地形为南部低北部高，沟壑较多，如图 2 所示地形剖面。治理区沿沟道两侧分布，区内有 2^{-2}煤层的煤炭自燃火烧边界，出露在沟道两侧的烧变岩颜色呈紫红色和红色。地表因经受长期的冲刷与侵蚀，形成了沟壑纵横交错，梁峁连绵起伏，坡陡壁峭，典型的“V”字形沟谷呈树枝状分布，地形支离破碎，冲沟陡峻狭窄，2^{-2}煤层在沟道两侧出露，且 2^{-2}煤层属于Ⅰ类容易自燃煤层，地貌冲沟发育，煤层露头厚达 2.43m，区域南部发育为火烧区，北部为火烧隐患区，在该区南部有大面积的偷采形成的采空区，造成本区采空沉陷。本区应作为地质环境综合治理重点区。

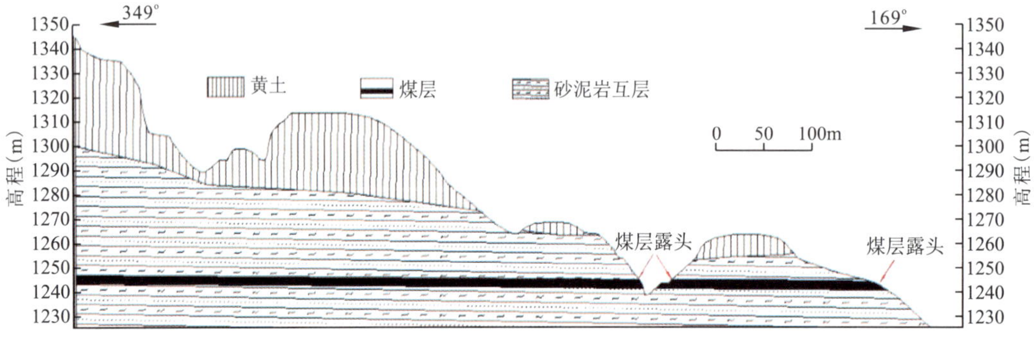

图 2　治理区地形地貌及煤层底板剖面图

本区 2^{-2}煤厚 2.0～2.76m，平均煤厚 2.43m，覆盖层厚 0～50m，平均 30m，本区域内无住户，但在治理区以东有道路连通。治理区出露的地层主要有延安组第五段、第四段和第四系中上更新统地层，2^{-2}煤层上覆基岩厚约 10.5m，上覆土层均厚约 19.5m。根据第二次土地调查资料，本区的土地类型主要为林地，其次有少量耕地，其他为荒地和草地。

综上所述，本治理区，煤层厚，覆盖层薄，周边交通方便，有利于进行地质环境综合治理。

2　治理区工作方案

2.1　治理原则

综合治理以保护和恢复自然生态环境为出发点，针对不同施工单元的特点，结合治理区地形地貌，合理布置综合治理措施，以改善当地生产生活条件为目标，促进经济与环境的协调发展。

2.2 治理方案

根据区域地形地貌、煤层埋藏特征、开采现状、火区点分布及采空区情况，结合历年治理采空区的设计方案，制定出比较经济可行的治理方法。即先剥挖火区自燃煤层上部覆盖层，进行露天开挖，彻底清挖自燃煤层。然后回填、平整、绿化等综合治理。从而达到彻底治理火区充分回收煤炭资源的目的。

治理区域内煤层覆盖层较薄，覆盖层主要由新生界松散层和中生界基岩两部分组成，所有治理区的平均覆盖层厚度在20～50m左右。因此本方案对灭火隔离条带进行开挖，挖掉残留煤柱，隔离火源，最后将灭火带采用黄土覆盖压实，防止死灰复燃，该方案同时可回收残煤，提高煤炭资源利用及回收率，补偿灭火施工费用，减少灭火成本。

该方案不需要国家投资，利用回收的残煤价值，补偿灭火施工费用，且略有盈余，且治理彻底，覆土造田效果好，利国利民利企业利第三方，经过经济技术方案的比较和论证，设计决定采用露天剥挖的方式进行采空区治理，以彻底根除采空火区带来的灾害。

剥挖方法的特点是采空区治理效果彻底，基本解除了火区隐患，将其隔离达到灭火的效果。经过对以往的工作参照对比，认为该煤矿煤炭自燃火烧区和采煤沉陷区的治理特别适宜于采用剥挖的治理方式。即在治理区范围内自上而下分台阶开挖露天剥挖，露出采空区上部的黄土、岩石后，挖除残留的煤炭，后期用黄土覆盖煤层露头，用开挖的剥挖物回填采空区。最后回填开挖坑，平整及再覆盖黄土，并复垦绿化。

2.3 治理流程

为达到根本治理的目标，防止残留边角煤自燃，在把采空火区上部的覆盖层全部挖出，重新回填、压实的过程中，清理出残留煤和边角煤。彻底避免地表火和残留煤在地下自燃造成对环境的污染。具体方法可归纳出如下步骤：

注浆灭火—注水降温—剥挖表土—上覆岩土层的剥挖—排渣—火区残煤的回收及运输—开挖坑底部边界煤层露头黄土封堵、覆盖—开挖坑回填、整平—黄土覆盖(以备绿化复垦)—绿化。

注浆灭火、注水降温：对于明火地段，需要注浆灭火，然后进行注水降温。

剥挖表土：在开始治理初期，先将治理区地表以下50～100cm的表土取出，单独堆放以备将来复垦时使用。

剥挖上覆岩土层：表土剥挖以后，剥挖至煤层上部的岩土层，剥挖初期选好外排土场堆放，后实现回填。

采出残煤：煤层上覆岩土层剥挖后，采出残余煤量，运往临时煤场堆放。

回填：残余煤量收集完成以后，将剥挖的岩土回填，平整，压实，使用推土机与压路机共同作业，防止沉降与水土流失。

表土回填：岩土回填结束以后，将移走的表土重新均匀平铺在原地表，表土厚度约50cm，再在平坦范围内平铺红泥土，以备日后复垦。

复垦、绿化：表土回填以后，在回填范围内修筑水渠、堤坝、道路，为复垦做好准备，对其进行种草绿化。

3 总 结

通过对治理区煤矿火烧区的综合治理，可以有效地释放煤炭资源量。经复垦和绿化后，增加了大量的耕地、林地面积。治理区剥挖形成的边坡产生滑坡的可能性较小，局部区域有可能产生松散层黄土滑坡或排土场局部可能产生堆积层滑坡，滑坡对工程安全影响不大；但剥挖会形成高陡边坡，区内岩石以粉砂岩、砂泥岩互层为主，且抗风化能力较差，易产生崩塌，在施工过程中应注意防治崩塌地质灾害，采取主动防护或者被动防护等有效措施。

参考文献

范立民，李成，陈建平，等.矿产资源高强度开采区地质灾害与防治技术[M].北京：科学出版社，2016.

范立民，马雄德，李永红，等.西部高强度采煤区地质灾害现状与防控技术[J].煤炭学报，2017，42(2)：276－285.

范立民，张晓团，向茂西，等.浅埋煤层高强度开采区地裂缝发育特征[J].煤炭学报，2015，40(6)：1142－1147.

范立民.榆神府区煤炭开采强度与地质灾害研究[J].中国煤炭，2014，40(5)：52－55.

李俊平，赵永平，王二军.采空区处理的理论与实践[M].北京：冶金工业出版社，2012.

李永红，何意平，康金栓，等.陕北煤矿区地质环境保护与恢复治理措施[J].中国煤炭地质，2014，26(4)：41－45.

李永红，刘海南，范立民，等.陕北榆神府生态环境脆弱区地质灾害分布规律[J].中国地质灾害与防治学报，2016，27(3)：116－121.

刘海南，李永红，杜江丽，等.陕西省神木县地质灾害群测群防体系现状与对策[J].灾害学，2016，31(1)：144－147.

马雄德，范立民，张晓团，等.基于遥感的矿区土地荒漠化动态及驱动机制[J].煤炭学报，2016，41(8)：2063－2070.

仵拨云，李永红，向茂西，等.神府矿区西沟-柳沟流域地面塌陷及其环境效应[J].中国煤炭地质，2015，27(11)：31－36.

朱建文，孙三祥，高雄伟，等.某煤矿火烧自燃隐患区地质灾害及环境综合治理探究[J].广东化工，2014，41(7)：150－151.

黄陵矿区环境地质问题与防治分析

张秦华[1]，刘卫岗[2]，王建晓[2]，谢 渌[2]

（1.陕西省地质调查中心，陕西 西安 710068；2.陕西工程勘察研究院，陕西 西安 710068）

摘 要：依据野外调查资料，对黄陵矿区开采引发的地质灾害、土地资源破坏、水资源系统破坏、矿山废水-废气-废渣对环境影响等环境地质问题进行了详细的分析研究，在此基础上，提出了矿区不同环境地质问题的防治措施，并对防治管理提出了建议。

关键词：黄陵县；环境地质问题；滑坡；崩塌；泥石流；地面沉陷；地裂缝；防治分析

黄陵县地处陕北黄土高原南部，东靠洛川，南接宜君、旬邑，北邻富县，西与甘肃正宁为邻，面积2292km^2。县内有矿山企业68个，其中煤矿企业31个，建筑采石企业10个，黏土矿企业26个，矿泉水企业1个。县区内黄土地貌发育，沟壑密布，地质环境条件复杂，煤炭资源丰富。以煤炭、采石和黏土矿开采为主的各类矿山企业成为带动当地经济发展的主体，特别是作为主要能源的煤炭，对经济建设和社会发展具有重要的作用，是经济社会可持续发展战略实施的资源保证。但长期以来，由于对煤炭等资源保护认识不足，对环境和生态保护重视不够，形成了采矿工业粗放经营的经济增长模式，这一经济增长模式在造成资源严重浪费的同时，也带来了一系列的环境问题，在黄陵县主要矿区已经表现得十分严重，由此引发的滑坡、地面塌陷等地质灾害活动频繁，危害较大。面对这一现状，为了实现社会经济的可持续发展，使资源开发与环境保护并重，需要有计划地开展环境保护与治理。

1 矿区地质环境条件和采矿条件

该县地势西北高，东南低，平均海拔1300m。地貌类型复杂多样，按形态可分为西部石质低山区、中部黄土梁峁丘陵区、东部黄土塬及残塬区和零星分布于山间残塬中的河谷川道区。

全县多年平均降水量588.1mm，地域分布不均，自西向东逐渐递减。境内河流属黄河流域北洛河水系，主要有沮河、葫芦河、慈乌河和北洛河，地表水年总径流量5.184×10^{8}m^3。

该县内出露的地层主要为三叠系、侏罗系、白垩系、新近系和第四系。构造单元属于华北陆台鄂尔多斯地台中南部，构造活动微弱，形迹少而简单，无大的褶皱与断裂发生，岩层产状平缓，总体为一微倾西北，倾角1°～4°的单斜构造。地下水主要为第四系松散层孔隙、裂隙潜水和中生界碎屑岩类孔隙裂隙潜水两大类。该县属于半干旱地区，地下水资源比较贫乏，矿区为较严重的缺水地区。矿区潜水的主要来源有大气降水、河水及地表水体的渗入和基岩裂隙水的补给等。岩土体可划分为坚硬—半坚硬层状沉积岩类和松散岩类两大类型。

该县矿区内地表沟壑纵横，黄土覆盖层厚度一般在100～180m以上，属巨厚湿陷性黄土覆盖层类型；开采煤层上覆基岩厚度一般在150m左右，下侏罗统延安组为本区内含煤地区，煤层赋存于中下部，共含煤4层。矿井开采的主采煤层为2号煤，其厚度一般在2.5～3.0m范围，倾角3°～5°，煤层埋藏稳定。采用综合机械化长壁式全部垮落顶板管理方法进行开采，开采工作面宽度200m左右，工作面日推

基金项目：陕西省公益性地质环境调查项目(陕地监总字〔2007〕36号)

作者简介：张秦华(1979—)，女，陕西岐山人，2006年毕业于西安科学大学，高级工程师，主要从事水工环方面的工作。
E-mail:251697545@qq.com

进度为10～16m，开采速度大、强度高。地表湿陷性黄土覆盖层的厚度大、垂直裂缝发育，在开采引起地表沉陷的作用下，遇到雨水浸蚀的作用，地表沉陷破坏持续发展扩大，并引发了各种地质灾害。而且矿区地方煤矿和小煤矿开采历史长，数量多，其掠夺式的开采，破坏了斜坡的应力平衡状态和黄土结构条件，导致矿区地质环境恶化，成为导致滑坡、崩塌、地面塌陷等地质灾害的主要因素。

2 矿区主要环境地质问题

2.1 矿山开发引起的地质灾害

2.1.1 滑坡

由于采空区大面积塌陷或者修建公路等，导致地面斜坡产生裂缝，诱发滑坡及土质高陡边坡失稳等地质灾害。共调查滑坡3处，中型2处，小型1处，且多出现在店头镇、仓村乡等主要采矿区及桥山镇、双龙镇等人类工程活动密集的地方。

2.1.2 崩塌

矿区的崩塌分为黄土崩塌和基岩崩塌两类，以黄土崩塌为主。前者在矿区分布较广。在矿区斜坡坡度大于50°，相对高差40m以上的条件，可形成大型黄土崩塌；在某些10m左右的陡坡上亦会产生小型崩塌。后者的发育与分布除与斜坡坡度、高度及岩石的结构构造条件密切相关外，受开采地面变形、工程切坡等人类活动因素控制明显，且多为剥落或落石。

2.1.3 泥石流

由于矿区所处的河谷深切，沟谷多成"V"字形，谷地陡坎多崩塌和滑坡，开采地表变形面积大，破坏严重，沟谷底松散堆积丰富，遇雨季易爆发泥流或泥石流，对工农业生产和交通威胁很大。目前，该灾害多发生于矿区内的黄土塬区各沟道。但随矿区建设规模的扩大，工程活动将遍及山野，而大量的固体废弃物和大量的煤矸石场又多设置在沟谷内或谷坡，它们受强烈的风化后黏结力变弱而吸水性增强，雨季处于饱和状态，在重力作用下产生滑塌，后可转化为泥石流。虽然目前矿区内人为泥石流活动较少，但如果重视不够，管理不善，一旦条件成熟就可以爆发大规模的灾害事件，尤以对人口密集的矿区威胁更大。

2.1.4 地面塌陷

全县现存在地面塌陷22处，规模以小型为多、中型次之，塌陷面积总计540.48hm²(表1)。主要集中在店头镇和仓村乡。店头镇地面塌陷主要沿沮河河谷南北两侧发育，造成耕地、河床、公路多处下陷，引发地表建筑物变形、开裂、倒塌。仓村乡地面塌陷主要发育于黄土塬区，导致塬面大面积下陷，并伴生大面积裂缝，造成房屋裂缝、水源枯竭等。

表1 黄陵矿区地面塌陷统计表

地面塌陷位置	塌陷数(处)	塌陷面积(hm²)	备注
后花家庄	3	55.09	
前花家庄	3	48.49	
杨岭	2	16.57	
仓村	1	25.53	
仓花公路	1	17.36	
曹家峪	1	35.76	已治理
秋林子—洪家院子	1	99.37	正在治理
姜咀	1	12.52	
南河寨	2	26.71	
牛家庄	1	49.24	
鲁寺贺家湾	2	14.32	
河南煤矿	1	31.55	
高陵煤矿	1	10.29	
长墙一号矿	1	35.58	
白石村	1	62.10	

2.1.5 地裂缝

主要有地下采空引起的地裂缝和黄土地裂缝两种。采空区地裂缝主要因地下煤层开采而引起，一般对应采空区周边的地表会出现的一组开裂裂缝和超前开采工作面前方一定距离周而复始发生的动态裂缝。其形成受地下采空条件上覆松散层结构和降雨等因素控制，这种裂缝破坏对耕地、房屋损害比较严重。黄土地裂缝，一般规模较小，数十米至两百余米不等，其形成受黄土垂直节理、降雨等控制。在降水条件下，黄土垂直节理被溶蚀掏空，并继续延伸扩展，形成地裂缝，有时还伴随有黄土陷穴发生。

2.2 矿山开发破坏占用土地

矿产资源开发占用及破坏土地既包括采矿场、废渣、尾矿库等对土地的占用，也包括地面塌陷、机砖厂破坏土地及废渣、废液对土地的污染破坏。据调查，矿山开采占用和破坏的土地面积达 792.6146hm^2，其中耕地 473.028hm^2，林地 315.0206hm^2，其他 4.566hm^2(表 2)。以正在开采的煤矿占地面积最多，为 492.514hm^2，其次是机砖场占地 208.153hm^2，而且机砖厂占用土地全是耕地。

表 2 矿业开发占用破坏土地统计表(单位：hm^2)

分项		耕地	林地	其他	小计
开采煤矿	采矿场	225.55	183.094	1.593	410.237
	废渣场 煤矸石	4.84	42.664	2.973	50.477
	地面塌陷	10.8	21		31.8
	合计	241.19	246.758	4.566	492.514
关停煤矿	采矿场	7.45	18.614		26.064
	废渣场 煤矸石	4.795	38.0576		42.8526
	地面塌陷				
	合计	12.245	56.6716		68.9166
洗煤场	废液	8.31	1.6		9.91
	煤矸石	1			1.0
	合计	9.31	1.6		10.91
采石场	采矿场	1.58	2.82		4.4
	废渣场	0.55	7.171		7.721
	合计	2.13	9.991		12.121
机砖场	合计	208.153			208.153
总计		473.028	315.0206	4.566	792.6146

2.3 矿山开发对地下水的影响

矿区煤层采空后形成的大量巷道及采空塌陷形成的地表裂缝，破坏了原有的地下水系统，改变了地下水的补、径、排条件，使矿区水均衡受到严重影响与破坏，危及地下水资源，加剧缺水地区的供水紧张，主要表现为：①随着煤炭开采强度和延伸速度的不断加大提高，矿区地下水位大面积下降，使缺水矿区供水更为紧张，影响当地居民的生产和生活，并造成区域内的农作物大面积减产，抗御自然灾害能力下降，严重危害农业生产；②大量地下水资源因煤系地层破坏而渗漏矿井并被排出，这些矿井水被净化利用的不足20%，对矿区周边环境又造成了新的污染；③大量地表水沿采矿形成的裂缝下渗直接进入废巷道而不赋存于含水层中，使泉眼干涸、机井无水，直接影响到当地村民正常的生活用水；④地表水下渗漏失严重，造成上游水源枯竭而下游局部地下水溢浸，威胁到下游的建筑设施、居民住房和其他煤矿企业的正常生产。黄陵煤业一号矿在开采沮河下伏煤层时由于放炮等作业使地层产生裂隙，沮河水沿裂隙进入矿洞，直接影响煤矿生产，经修建地下拦水坝将水引入河流下游后才恢复生产，但造成直接经济损失4800万元；红石岩煤矿突水3次，曾涌水$3000\times10^4m^3$之多，最大经济损失4000万元。

2.4 矿山废气、废液、废渣和煤矸石对环境的影响

废气：主要指矿井瓦斯和地面矸石山自燃释放的气体。煤矸石自燃释放出大量含SO_2、CO_2、CO等有毒有害气体，严重污染大气环境并直接损害周围居民的身体健康。随着开采程度的加强，煤层气分布表现出不均衡性，在低瓦斯区穿插的高瓦斯区成为矿井安全生产的重要隐患。另外，煤层气的排出，对矿区空气也增加了不安全因素。煤层气含量高时，遇火会爆炸。区内大气被污染的原因有二：一是地形地貌条件限制，矿区内地方国营煤矿、众多的乡镇和个体煤矿比较集中地分布在川道河谷地带，居民区及辅助企业也集中分布于河道两岸；二是气象气候条件的制约，静风、轻风出现频度在60%以上，且多为西北风(冬)和东南风(夏)，近地表大气逆温出现频度高，且厚度大、强度大。

废液：煤炭开采过程中废液指矿井水、洗煤水、煤矸石淋溶水和矿区居民生活污水等，废水未经完善净化就被直接排放。调查统计，全县年废液排放量$212.87\times10^4m^3$，矿坑排水$191.95\times10^4m^3$，洗煤水$20.92\times10^4m^3$。

矿区沮河段及其支流南川河由于矿坑及生活污水排入，河水水质的各项常规指标有不同程度的增高，但有害物质(铅、砷、镉、氟、锰)等指标没有变化。南川河汇入沮河以后，水中各离子含量比汇流前有所增高。有些矿坑排污口常规指标和有害物质均较大，如黄陵矿业集团1#矿和店头镇集贤丰源煤矿排放的矿坑水中一些常规离子含量及指标，比20世纪70年代初期未开采时明显增高。与此同时，矿区矿坑水和洗煤水循环利用率很高，矿坑排水$191.95\times10^4m^3$，循环利用量$167.22\times10^4m^3$，利用率为87%；洗煤水$20.92\times10^4m^3$，循环利用量为$11.85\times10^4m^3$，利用率为56%，可见实际排放量很少。从周围农作物生长及其他植物生长来看，矿区内的水环境变化不大。因此煤矿开采对地表水水质有一定影响，但影响不明显，还未引起矿区的水质恶化。煤矿开采对地下水及土壤的影响还需做进一步的取样分析工作。

废渣和煤矸石：全县堆渣量累计达819.94×10^4t，其中开采煤矿321.48×10^4t，关停煤矿481.64×10^4t，采石场16.82×10^4t。废渣堆积不仅占用土地，改变沟谷的自然形态，而且影响边坡稳定和沟道行洪，埋下地质灾害隐患。

煤矸石是煤矿生产排放的有害固体废弃物，排放量95.64×10^4t。煤矸石长期堆放会形成一个固定的污染源，在自然状态下影响周边的大气、土壤、水和植被环境等，目前煤矸石堆积主要分布在南川煤层露天或浅埋区。

2.5 土壤侵蚀与水土流失

矿区降水集中，但分布极不均匀，7—9月集中了全年降水的60%～70%，且多大雨、暴雨，年平均暴雨日2～6d，日降水最大值达110.80mm。矿区地貌类型沿沮水河为河谷平原，森林植被在矿区开发之前发育良好。随矿区煤炭的开采、矸石堆放、开山修路、地面塌陷及滥砍乱伐等，矿区西部植被覆盖以森林为主，覆盖率为50%～85%；中部、东部为草灌和农作物，覆盖度仅为5%～20%，荒坡秃岭随处可见。由于植被覆盖度降低，加之地面组成岩性疏松，在雨季易造成大量水土流失。

黄陵矿区的土壤侵蚀类型为流水侵蚀和流水侵蚀-堆积两大类，重力侵蚀和人为侵蚀亦比较明显，随着矿区工程规模的扩大与发展，人类工程活动对水土流失的影响也将越来越大，生态环境破坏问题愈显明显。

3 主要环境地质问题的防治措施

3.1 矿区开采引发的地质灾害防治

该县煤炭开采引发滑坡、崩塌、泥石流、地面塌陷、地裂缝等地质灾害。可能发生滑坡、崩塌地质灾害的主要区域有黄陵县沮河东部河谷区，仓村塬沟壑区；可能发生地面塌陷的主要区域有店头镇沮河河谷区、仓村塬区。店头镇采空区主要是巷道小面积开采，形成的采空区面积小，塌陷多呈漏斗状断续分布；仓村塬的地面塌陷由于采空区连续分布，回采面积大，塌陷多呈阶梯状，以整体陷落为主，形成的塌陷面积较大。针对矿区地质灾害发育的特点，不同区域的不同灾害采取不同的防治措施。

3.1.1 对可能发生滑坡、崩塌地质灾害区域的防治措施

对地质环境差、人口密集、工程活动强烈的区域，采取搬迁避让为主，生物、工程措施为辅的措施。

滑坡的治理方法主要是采取支挡、铆固、加固边坡、改变滑体外型及疏排地表、地下水等措施以防治滑坡，但对极其危险的滑体，通过改变边坡形状即降低边坡高度或放缓边坡角，削坡减载，永久性地改变边坡岩体内的应力状态，这通常是保持边坡稳定性的最简便方法。

生物、工程措施主要针对那些因矿区修路、建房而削坡引起的小型崩塌，在这些斜坡地段修建排水沟及挡土墙并植树种草。

3.1.2 对泥石流的防治措施

对矿山泥石流的治理主要以拦挡为主，并进行排泄疏导，即在极易发生泥石流的地段根据地形条件，修筑拦截坝，拦淤、封固流域内大量的松散固体物质。并在合理位置修建沟渠，使治理后的泥石流能快速流畅地排走。

3.1.3 对地面塌陷区的防治措施

在仓村塬地面塌陷面积较大的地方，由于采空区连续分布，回采面积大，因此治理费用高昂，也不能彻底治理。针对这些地方，主要采取搬迁避让措施，把受灾村民整体搬迁到安全地段。对店头镇沮河河谷区的地面塌陷，根据实际情况分别选择了避让搬迁、生物防护、工程防护等措施。工程防护措施主要选择对居民房屋的加固维修、土地复垦和裂缝填埋等措施。对河道治理采取剥离回填、改移公路，加固河堤、清理废石拓宽河道等措施。

3.1.4 水土流失的治理

水土保持林草措施是水土保持中关键措施之一，在治理矿山水土流失中具有举足轻重的作用。主要是建立起防水蚀、风蚀兼顾的综合防护体系，水土保持植被建设包括水土保持林草、经济林、防护林、薪炭林等内容。这样，可以在一定程度上固结矿山土壤，也可有效地防止水土的流失。

3.2 矿山土地复垦与生态环境建设

3.2.1 废石场复垦

在废石堆上采用"平整—覆土—植树"的方法进行复垦，利用穴式或全面换土的方法来增加土壤母质，以保证植物正常生长。

3.2.2 露天采场复垦

对于露天采场采取平整场地，深翻造地，或直接覆土后种草种树，恢复植被。

3.2.3 尾矿复垦

对废弃(或服务期满)的尾矿库进行土地复垦治理，以恢复土地使用功能。一方面采取直接覆土造地，作为农用耕地或植树育草；另一方面采用石灰石、污泥、肥料等各种调整剂，对含有硫化物等尾矿土壤进行调整改良，使植物在没有铺设表土层的尾矿堆上直接生长。

3.2.4 塌陷区复垦

采矿塌陷区主要集中在煤矿。对塌陷区的治理措施主要是回填复垦或改造成其他建设用地。

3.2.5 矿山土地复垦和生态环境建设成效

南川河露天煤矿自1975年开始采矿至2001年闭坑，先后租占耕地100余亩，土地荒芜近30年，区内地质环境破坏严重。为此，黄陵县国土资源局于2004年12月开始对店头矿区进行全面地质环境治理。首先对南川河曹家峪段进行了河道治理，恢复土地98.1亩。

对仓村塬8个村组因煤矿开采受到破坏的耕地、果园、水井、道路等治理，共恢复耕地442.35亩。

要对3个地区进行地质环境整治与治理，具体项目为：曹家峪地质环境恢复与治理、仓村塬土地复垦与灾害防治和秋林子-洪家院子地质环境治理。

2005年，黄陵县政府又向中央申报了黄陵县店头矿区南川地质环境综合治理项目，并得到了国家专项拨款。该项目已经进行了综合治理规划和综合治理设计，治理工作正在进行之中。本次地质环境综合治理包括南川秋林子-陈家沟段公路改移，南川秋林子-陈家沟段河道治理，秋林子、露天矿、鸿家院子段土地复垦3个项目。预计土地复垦面积达376.4亩。

3.3 矿山废水废渣综合治理利用

由于该县年降雨量较小，且自西向东逐渐递减，所以东部矿区地下水不丰富，富水层主要为上覆黄土层和基岩接触带。矿区矿坑水和洗煤水循环利用率很高，前者利用率为87%；后者利用率为56%，可见实际排放量很少。与此同时，在黄陵矿业集团1#矿排污口和集贤丰源煤矿取样测定，污水中主要是SO_4^{2-}、HCO_3^-含量较高（分别为1741.1mg/L、976.3mg/L和2665.7mg/L、732.2mg/L），有害物质（铅、砷、镉、汞）等均未超标。而且这些矿坑水和洗煤水一般都多次重复利用，并经过处理后才排放。在沮河及其支流南川河的不同河段取样测定，水质均符合国家饮用水标准。因此，对废水的处理是循环利用。

矿区弃渣作为公路垫方用料和河道治理时废旧矿坑填埋用料。在进行店头矿区南川河地质环境综合治理时，已经就近利用了部分矿区弃渣作为公路垫方用料和河道治理时废旧矿坑填埋用料，治理效果很好。矿渣经填埋后再经过铺土耕植，已经变成良田一片。

煤矸石综合治理要以大宗量利用为主，其主攻方向为煤矸石发电、矸石建材及其制品、复垦回填以及煤矸石山无公害处理。已建成的黄陵矿业集团一号和新建的二号矿均修建有利用煤矸石发电的小型电厂，使这两个矿所产生的大部分煤矸石能被利用，有利于当地经济结构优化，促进经济发展。另外可以利用煤矸石回填采空区，避免采空引起大面积的塌陷。对煤矸石的综合有效的利用可以减少煤矸石占用土地，降低对环境的污染。

3.4 矿山环境管理的加强

针对矿区目前低效率、破坏性采矿严重的现状，应加强矿山环境保护管理措施，具体包括：

构建矿山生态环境准入制度。要求新建矿山企业必须提交拟建矿山环境影响评价报告书、地质环境影响评价报告、地质灾害危险性评估报告、矿山开发利用方案（含环境保护与整治方案），以及矿山环境恢复治理书面承诺并交纳矿山生态环境保证金，实施开发中要服从矿山生态环境保护和恢复治理专门机构的管理，严格执行《矿山生态环境保护与污染技术政策》和有关规章。

对申请在乡镇规划控制区、各类风景名胜保护区、铁路和重要公路沿线两侧直观可视范围内开山采石的，一律不予批准。对为规避矿山地质环境治理责任而申请缩界变更登记的，一律不予办理。对规模小、布局不合理、采矿技术方法严重破坏地质环境的已建矿山，按照规模化开采、集约化利用原则进行整合，从源头上切实保护好矿山地质环境。

矿山建设与矿山环境保护设施建设要同时设计、同时施工、同时投产使用。

设立采矿权人矿山地质环境治理备用金制度。采矿权人在领取采矿许可证的同时需与矿政主管部门签订矿山地质环境治理责任书，并分期缴纳不得低于治理费用的备用金。

对矿山企业设置专门的环境监测机构，严格矿山地质环境治理审查验收。

坚持“谁开发谁保护、谁污染谁治理、谁破坏谁恢复、谁使用谁补偿”的矿山生态环境恢复治理原则，对矿山损毁的土地要因地制宜地进行治理。

3.5 建立绿色工程，恢复生态

随着矿区煤炭资源的开发和各项建设事业的发展，必然要破坏一些自然植被，对森林、农田生态系统也会产生一定的影响。如果不加以保护，与人类活动的有关局部生态环境将受到很大破坏，如森林覆盖率下降，农田破坏，水土流失加剧，环境污染加重等，将给矿区人民的身体健康和农业、工业生产带来不良影响。在矿区的开发建设同时，应大面积植树造林，进行矿区园林化建设，促进矿区生态环境向良性转化，在一定程度上也抑制和减少了地质灾害的发生。

4 结 论

通过对黄陵县矿区地质环境问题的分析，初步掌握了矿区资源开发过程中遇到和诱发的环境地质问题。针对所存在的环境地质问题，提出了不同环境地质问题的防治措施，为该县矿区地质环境问题的治理恢复提供依据。

参考文献

陈建平，范立民，杜江丽，等.陕西省矿山地质环境治理现状及变化趋势分析[J].中国煤炭地质，2014，26(9)：54－56，64.

范立民，马雄德，冀瑞君.西部生态脆弱矿区保水采煤研究与实践进展[J].煤炭学报，2015，40(8)：1711－1717.

马晓宏，赵岩，仵梅.黄陵矿区开发对水源地影响分析[J].西部探矿工程，2009，21(11)：1－3.

苏凯峰.河南永城煤炭矿区环境地质问题及防治对策[J].中国地质灾害与防治学报，2014，25(3)：1－5.

谢渌，刘卫岗.陕西省黄陵县矿山环境保护与治理规划(2008—2015)[R].西安：陕西工程勘察研究院，2008.

谢渌，王建晓，刘卫岗.陕西省黄陵县矿山地质环境调查与评估报告[R].西安：陕西工程勘察研究院，2008.

杨梅忠，王晓刚.陕西黄陵矿区大气污染现状评价与预测[J].煤矿环境保护，1997，11(4)：51－55.

于远祥，杨梅忠，孙学阳.黄陵矿区滑坡的稳定性评价与防治[J].矿业安全与环保，2004，31(4)：1－4.

郑贵强，王勃，李景明，等.陕西黄陵矿区煤层气富集主控特征与富集规律研究[J].中国煤层气，2009，6(1)：1－3.

渭北废弃采石矿山地质环境恢复治理问题探讨

王　焘，柴　卓，胡文寿

（中国建筑材料工业地质勘查中心陕西总队，陕西 西安 710003）

摘　要：结合扶风县废弃石灰岩矿山地质环境治理设计过程中遇见的具体问题进行分析，提出解决方法，避免或减少我省渭北一带类似废弃石灰岩矿山地质环境治理设计中发生同类问题，使治理设计更安全、适用、经济。

关键词：废弃石灰岩矿山；地质环境恢复治理；设计；问题探讨

0　引　言

扶风县北部乔山一带几十年开山采石遗留下诸多矿山地质环境问题，在东西绵延近 10km 的范围形成了 6 处大的废弃采石场。矿山开采对象为寒武系上统下段（$\in_3^1$）白云质灰岩、白云岩，开采方式为露天高台段开采，产品主要为建筑用碎石、石料，固体废弃物为石粉、石渣。矿山开采造成山体破损、石质岩面裸露、地表植被破坏，与周边翠绿的山体和自然地貌景观形成极大反差，成为乔山上的"牛皮癣"，且其位于关中环线、法门寺景区、法门寺灵静园可视范围之内，严重影响了扶风旅游县的形象。扶风县委、县政府积极响应党中央关于生态文明建设的号召，规划对扶风县境内北部乔山可视面废弃石灰石矿山地质环境进行全面恢复治理，还民于青山绿水。本文以先期进行的扶风县乔山具代表性的Ⅳ号、Ⅴ号废弃采石矿区矿山地质环境恢复治理工程设计为依托，阐述其地质环境条件及地质环境问题，并就治理设计过程中遇到的具体问题进行探讨。

1　地质环境条件及地质环境问题

1.1　地质环境条件

项目区位于千山余脉乔山低中山区，北高南低，微地貌形态较复杂，溯源侵蚀现象不发育。地形起伏变化中等，有利于自然排水，区内原始地形坡度 10°～40°，岩层倾向与采坑高边坡多为反向坡或斜交。

区内出露的地层由老到新为寒武系上统下段（$\in_3^1$）碳酸盐岩、第四系上更新统黄土（Q_3^{eol}）及全新统人工堆积物（Q_4^{ml}）。

区内地层出露呈单斜层状，总体倾向北西，倾角 18°左右，局部波状起伏变化，未见明显褶皱构造，断裂构造不发育，节理、裂隙是主要的构造形迹。

依据富水岩土体颗粒结构和地下水动力特征，治理区地下水划分为碳酸盐岩岩溶裂隙水。地下水埋藏深，在治理区无泉水出露。区内地下水主要受大气降水补给，流向与地形基本一致，总趋势是由北向南径流，补给南部沣河；排泄方式主要为蒸发、泉水、人工开采或地下径流。

作者简介：王　焘（1984—），男，陕西商洛人，工程师，从事资源地质、水工环地质、地质灾害治理工作。E-mail：43448562@qq.com

1.2 地质环境问题

依据矿山采石引发的地质环境问题及影响程度进行分类，扶风北部乔山一带废弃石灰岩采石矿山形成的主要地质环境问题及影响为下述4个方面。

1.2.1 地质灾害危险性

采石矿山引发地质灾害的主要类型包括采石场周边高陡采矿边坡段存在的滑坡、崩塌或掉块地质灾害或隐患。数十年不甚规范的露天采矿作业，形成的采坑边坡高陡，坡度约59°～85°，局部近直立或外倾为鹰嘴状；采石爆破使岩体结构面进一步开裂。采石开挖还改变了岩土体原有地应力均衡状态，加之各高陡边坡临空面大、卸荷裂隙发育，长期处于不稳定状态。受重力、强降雨、地震等内外地质作用的影响，采坑边坡易产生滑坡、崩塌等地质灾害，危及治理期设备人员安全，危险性中等。

采矿剥离的废石、废土排放及矿石破碎产生的细废渣不合理堆放构成泥石流地质灾害的松散物源而引发泥石流地质灾害或隐患，因其一般距离居民区和重要建设工程区较远，无直接威胁对象，地质灾害危险性小。

1.2.2 地形地貌景观破坏

扶风县北部乔山绵延约10km范围内现有6处大的废弃采石矿区，包含26处采石坑及其前缘的废石(渣)堆。各采石坑在平面上呈不规则的“簸箕状”，面积950～32 000m^2。采石掌子面围绕周边，坡高5.0～120m不等，坡角59°～85°，局部还出现负角，呈“鹰嘴状”，坡形呈凹形、直线形。掌子面基岩裸露，岩体破碎，危岩块耸立。废弃的采石坑严重破坏了当地的原生地形地貌景观及人居环境，且处于关中环线、法门寺景区、法门灵境园的可视范围内，对地质环境影响严重。

1.2.3 土地资源破坏及占用

石灰石矿山露天开采，具体的开采方法为：首先清除山体地表的树木、草皮，在剥离石灰岩矿体上覆的土层后，建设采准面开采矿石。这样必然毁坏矿山地面的树木和草地等附着物，破坏土地资源。另外，采矿剥离的废土、废石排放，建筑碎石加工产生的废渣堆放及碎石加工场地、成品料场、矿山工业场地等还占用了大量土地资源，使土地失去了原有功能，对土地资源影响严重，且恢复治理难度较大。依据扶风县土地利用现状二次调查成果，结合野外调查判定，扶风乔山一带废弃石灰岩采石矿山占用的土地类型主要为林地和草地。

1.2.4 地下水影响

依据前人调查资料，治理区地下水类型为碳酸盐岩岩溶裂隙水，地下水水位标高390～400m。各采石矿山的开采底盘标高930.0～1100.0m。采矿工程活动标高位于地下水位以上，且远高于地下水水位标高，不会造成含水层结构大的破坏，对含水层结构影响较小。矿区无地表水体分布，也不会造成地表水漏失。采矿剥离的废土、废石及加工碎石产生的废渣，主要以黄土和灰岩、白云岩块为主，不含有毒、有害物质组分，其堆放淋滤下渗对地下水水质影响轻微。以往采石活动对勘查区周边居民的生产、生活用水影响小，对区内含水层的影响轻微。

但是，开山采石对地表植被破坏严重，使山体岩石裸露，土石松散破碎，地表抗阻能力极大降低，破坏了水土保持功能，对地下水涵养条件有一定影响。

2 矿山地质环境恢复治理设计中有关问题

2.1 治理范围的确定

矿山地质环境恢复治理工程一般具有治理范围大、投资费用高、治理难度大等特点，在石灰石露天采石矿山这一特点尤其突出。因此，在恢复治理设计过程中须遵循全面规划、突出重点、节约投资的原则。根据全国“矿山复绿”行动方案(国土资厅发〔2012〕36号)，“矿山复绿”实施的区域主要包括重要自然保护区、景观区、居民集中生活区的周边和重要交通干线、河流湖泊直观可视范围(即“三区两线”范围)。

文件中所提可视范围以地面为立足点,视角为仰视或平视,而非鸟瞰。故治理设计中应考虑前方地貌对采矿活动影响范围的遮挡。确定可视范围的重要意义在于植被修复设计时可兼顾不可视区自然恢复能力以节约工程投入。

以“三区两线”的可视范围作为矿山地质环境恢复治理范围,一方面可首先解决破坏严重、影响严重区域的地质环境治理恢复问题,突显治理效果,达到地质环境趋于稳定、生态得到恢复、景观得到美化的目的;另一方面还可大幅简约工程投资,减小政府财政压力。

具体对一个废弃石灰石采石矿山的恢复治理设计,废弃露天采场的可视范围确定前,应首先调查其影响的主要对象,即周边重要的自然保护区、景观区、居民集中生活区和重要交通干线、河流湖泊,并以其作为立足点,采集图像、视频资料作为定性判断依据;其次应在立面图、平面图上标注“可视范围”。

“可视范围”以主要影响对象与治理区的连线方向作为正视方向,按水平视角确定。将治理区主要影响方向前方遮挡的原始地形高点纵投影于治理区立面图,连接即为“可视线”,“可视线”上部即为立面可视范围;立面图可视线转投在平面图上,进一步确定平面可视范围。对“可视范围”要求进行全面的恢复治理工程设计,达到“矿山复绿”行动要求;对“可视线”以下矿山区域,只设计简单的场地整理或必要的遮挡工程,以自然恢复为主。尽可能减少恢复治理工程费用。

扶风县乔山Ⅳ号采坑影响对象为位于其正南方向的法门寺、关中环线,正视方向为0°,立面可视范围见图1。

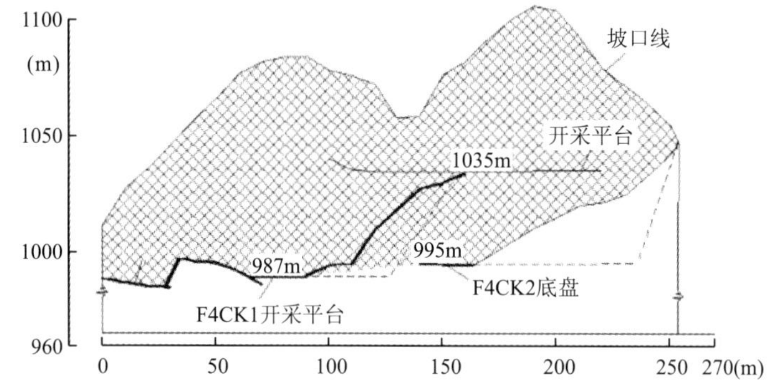

图1 采坑可视范围示意图(正视方向0°)

2.2 恢复治理工程选取

2.2.1 采场边坡治理工程

采场边坡治理工程主要指对矿山采石场裸露的岩体坡面的治理工程。根据岩质坡体的稳定程度和复绿工程对岩质坡面的结构要求,可视范围采场治理首先需要设计对岩质坡面的整治,清除危岩块,进行局部刷坡,在确保治理坡体稳定的条件下同时满足复绿设计对坡体结构要求,并使治理部分的坡体形态与周边山体自然衔接,微地形协调一致,尽可能消除工程痕迹。

目前对岩质边坡坡面复绿,可供选用的方法有绿化砼喷播、洞穴培土栽植、加筋土回填+植生袋垒堰等。复绿方法选用应重视调查裸露坡面的朝向、光照强度,岩质坡面的岩石矿物组成、化学成分、节理裂隙发育程度及岩体的破碎程度,裂隙内残坡积物的充填程度及有机质含量、酸碱度等指标或参数。调查工程场地区自然地理、气象与水文、微地貌形态,为坡面复绿工程设计提供依据。

另外,设计的治理工程应充分考虑施工方法,尽可能设计可采用机械施工的工程。譬如,对采场岩石底盘的复绿,全部设计覆土绿化,覆土工作量太大,不合理的取土还会引发对地质环境新的次生影响,适用性差;采用坑穴换土栽植,需要机械配合人工施工,将增大治理的人工费用。因此,可考虑选用条沟状换土或条埂状覆土栽植,治理工程施工机械化程度高,可降低治理费用。

2.2.2 废弃土石、渣堆治理工程

废弃土石、渣堆治理主要采用工程治理措施,在增强其稳定性的基础上,可适当改变堆积体坡面形态,采用鱼鳞坑栽植绿化,配合生态护坡,达到改善地形地貌景观与复绿的目的。

在恢复土地原有功能的基础上,植被恢复应遵循草灌优先、乔木配合的原则,恢复后的植被覆盖率不低于当地同类土地植被覆盖率,也不宜无限高于当地同类土地植被覆盖率,恢复的植被类型要求与当

地原有类型相似，与周边自然植被景观协调一致。

渭北一带7—10月暴雨多发，设计中应充分考虑细沟侵蚀对治理工程的破坏。植被护坡工程、缓坡整理＋截排水工程两者相结合可有效地解决细沟侵蚀问题，主要表现在以下方面：植被根系护坡，增加坡体稳定性；植被冠幅截流，延缓成流过程；放缓坡度，降低坡面水流流速、截排水沟对坡面分割，分解汇水面积降低汇流流量、流速。废渣堆治理设计在场地允许的条件下尽量放缓坡度，每10～15m坡高修筑一条马道并在其内侧布置截排水沟；坡面采用鱼鳞坑栽植深根系乔木、灌木绿化。

2.3 恢复治理工程量计算

废弃采石矿山地质环境恢复治理工程量计算存在的问题主要是如何准确计算采场高陡岩质边坡在坡面整理时的刷坡土石方量和边坡上危岩块清理的土石方量。在废弃采石矿山恢复治理工程中，采石场边坡整理需要的费用所占比例较大，各设计工程师计算的土石方工作量差别也较大，直接影响矿山恢复治理预算费用的准确性。

2.3.1 刷坡工作量计算

岩质边坡刷坡土石方量计算，宜采用两种以上不同的体积计算方法，并互相验算。根据设计经验和施工刷坡反馈的工作量与设计工作量对照，建议采用平行断面法进行刷坡土石方量计算。即按一定间距在需刷坡的坡面图切平行断面（断面方向垂直边坡总体走向），根据设计的最终刷坡坡角，在断面上圈出刷坡范围，量算刷坡面积数（S_i）；已知相邻两断面面积（S_i、S_{i+1}）、断面间距（L），可按照块段具体形态，计算分段刷坡量；分段刷坡量累计，其值再乘以合理的经验系数（C），最终得出设计治理坡面的总刷坡土石方量。

刷坡方量计算公式如下：

$$V = C \times \sum V_i$$

式中：V——刷坡总体积；

V_i——块段刷坡体积；

C——经验系数，扶风废弃采石矿山治理设计中选1.3，经检验取值合理。

块段刷坡体积估算视各分段形态分别选取下面不同的公式计算，具体如下：

（1）当块段近似台柱体时，

$$V_i = \frac{1}{3}(S_i + S_{i+1} + \sqrt{S_i \times S_{i+1}}) \times L$$

（2）当块段刷坡体近似楔形时，

$$V_i = \frac{1}{2}S_i L$$

（3）当块段刷坡体近似锥形时，

$$V_i = \frac{1}{3}S_i L$$

式中：V_i——块段刷坡体积（m^3）；

S_i、S_{i+1}——两相邻断面上刷坡面积（m^2）；

L——断面间距（m），楔形或锥形时为实际长度。

平行断面的间距原则上宜小不宜大，或采用不同的断面间距分别计算土石方量数，按照验算误差小于3%的要求，确定适宜的断面间距，一般间距3～5m。边坡走向变化较大时，可分段布置断面计算刷坡量。

2.3.2 坡面复绿面积计算

设计治理的坡面经刷坡整理后坡面复绿面积的计算，可选择投影换算法或断面法计算。

当边坡坡面较规则或边坡可分为较规则的数段时，可利用坡面水平投影面积（$S_{平}$）采用投影换算法计算坡面面积（S），计算公式为：

$$S = K \times S_{平} / \cos\alpha$$

式中：S——复绿坡面面积；

$S_{平}$——坡面水平投影面积，在平面图上直接量取；

α——刷坡后坡角；

K——坡面不平整经验系数。

当边坡坡面不规则时，宜采用断面法计算坡面面积，断面可直接利用刷坡量计算时图切的平行断面，量算各断面上设计坡面复绿段长度(l_i)，结合断面间距(L)，抽象为梯形计算面积。计算公式为：

$$S = K \times \sum S_i$$

$$S_i = (l_i + l_{i+1}) \times L/2$$

式中：S——复绿坡面面积；

S_i——分段坡面面积；

K——坡面不平整经验系数。

l_i、l_{i+1}——两相邻断面上复绿坡段长度(m)。

坡面面积计算应采用多种方法计算，计算结果互相验证，当不同面积计算法计算的面积数在允许误差范围时，可取不同方法计算面积数的算术品均值。

扶风废弃采石矿山治理设计中植生混凝土喷播面积计算采用断面法，经验系数选取 1.3，后期施工中实际挂网面积与设计计算面积仅相差 3%，计算精度较高。

2.3.3　坡面危岩块体清理工程量估算

这里的危岩块清理，不同于通常所讲的特定危岩块体的清理，专指影响坡面绿化工程治理施工或施工过程中存在安全隐患的不稳定危岩块。如不进行治理施工，这些所谓的危岩块体基本是稳定的，不需要专门实施治理。因此，在恢复治理设计时需要清理的坡面危岩块体很难准确定位，其形态、大小存在多变性，清理岩质坡面危岩块体的工作量，也只能依据设计经验合理估算得出。

2.4　复绿方案比选分析

石灰岩废弃采石矿山的复绿，基本方案可分为自然复绿和工程复绿两类。以下主要针对工程复绿方案进行比选分析。

2.4.1　植生混凝土喷播

对采场岩质边坡进行人工整理后，挂网喷播植生混凝土进行绿化。该方案适用于边坡基本稳定，坡面的坡角在 45°～65°之间，坡面岩体裂隙发育、岩石破碎或强风化岩边坡。喷播植生混凝土时除了配合选定的草种外，还可配合适宜当地生长的乔木树种，可丰富绿化层次，增强感观效果。施工中应注意调整植生混凝土内草种配合量，防止边坡绿化与周边自然植被出现季节差异，呈“绿色补丁”效果。

植生混凝土喷播复绿岩质坡面，最大的优点是见效快，岩质坡面治理的当年就可见明显绿色。但岩质边坡挂网喷播植生混凝土复绿，仅在年降雨量大于 800mm 的秦岭以南区域有大量成功的范例。用于干旱少雨的渭北地区岩质坡面复绿，还应再进行试验，不断总结经验，尚不宜全面推广。

2.4.2　洞穴培土栽植技术

对坡度大于 70°的陡倾斜岩质边坡，在不具备刷坡条件时(坡体后缘延伸受限)，可采用洞穴培土栽植技术。即在陡倾斜岩质坡面上，运用精确的定向爆破技术，爆破成穴，穴内客土栽植乔灌木进行坡面复绿。该方案施工难度较大，并需要专业定向爆破成穴设计，短期复绿效果一般。但随着穴内乔木扎根生长，长期复绿的效果好。建议在恢复治理工程中进行试验，积累经验，逐步推广实施。

2.4.3　加筋土回填＋植生袋垒堰

对废土石、废渣排放较多的石灰石采石矿山，在采石场地条件具备的情况下，可考虑选用加筋土回填＋植生袋垒堰技术进行复绿。即在采石场的开采底盘，将废土石、废渣按一定的坡率、坡高，分级、分台阶向采场高陡岩质边坡的上方向填筑，形成多级人工边坡。每级边坡坡面外层采用植生袋垒堰复绿、坡顶平台覆土栽植复绿。该方法复绿效果良好，施工简易，但土石方工程量较大，对场地条件有一定要求。在石灰岩废弃露天开采矿山的恢复治理设计中，宜进行比选运用。

2.4.4 文化墙

根据石灰石露天采场的岩质边坡形态，结合地域文化背景，在岩质坡体的局部段，采用文化墙形式进行环境美化恢复，以达到“恢复治理”的效果。

3 优化设计方法建议

矿山地质环境恢复治理工程设计，涉及岩土工程、地质灾害治理、采矿工程、生态环境、土地复垦、植树造林等诸多知识领域，工程设计任务复杂、难度大，且目前国内矿山地质环境治理设计的相关标准、规范尚不完善，类似工程设计的经验积累不多，在工程实施的过程中还存在许多不确定性因素。因此，建议矿山地质环境恢复治理工程设计可遵循以下两点进行完善和设计优化。

(1)采用动态设计，信息化施工的方法。将矿山地质环境恢复治理施工中遇到的问题及时反馈到设计单位，再进一步对设计进行优化、完善。

(2)在矿山地质环境恢复治理工程设计中，加大试验段(含方法)设置，特别对选用的新兴生态复绿技术应结合实际的复绿效果，不断积累经验，以论证复绿技术方法的地域适应性。还可进行复绿效果与投资效益分析评价，寻求最佳的恢复治理方法，使治理投入与复绿效果相互匹配。

4 结 论

(1)矿山地质环境恢复治理工程设计涉及多学科交叉、知识领域覆盖面广、复杂且综合性强，体现了矿山地质环境恢复治理工程的复杂多样性。目前的矿山地质环境恢复治理工程设计中仍存在较多问题需要解决、完善、优化。

(2)以扶风县乔山石灰石矿废弃采石矿山地质环境恢复治理工程为例，探讨治理工程设计中存在的相关问题，并提出优化设计的方法建议，以期为渭北一带类似石灰岩矿山地质环境恢复治理工程设计提供借鉴。

参考文献

陈建平，范立民，杜江丽，等. 陕西省矿山地质环境治理现状及变化趋势分析[J]. 中国煤炭地质，2014，26(9)：54－56，64.

范立民，李成，陈建平，等. 矿产资源高强度开采区地质灾害与防治技术[M]. 北京：科学出版社，2016.

李成，陈建平，杜江丽，等. 石灰岩开采区硬岩边坡复绿技术及其适用性[J]. 中国地质灾害与防治学报，2016，27(2)：149－153.

李成. 陕西韩城煤矿群采区矿山地质环境恢复治理对策分析[J]. 中国地质灾害与防治学报，2013，24(1)：40－45.

李辉，李永红，康金栓，等. 陕西省韩城市西山灰岩群采区矿山地质环境问题及恢复治理探讨[J]. 灾害学，2014，29(3)：139－143.

刘本同，钱华，何志华，等. 我国岩石边坡植被修复技术现状和展望[J]，浙江林业科技，2004，24(3)：47－54.

唐朝晖，柴波，罗超，等. 矿山地质环境治理工程设计思路探讨——以广西凤山县石灰岩矿山为例[J]. 水文地质工程地质，2013，40(2)：123－127.

尹小波，张云鹏，邵静静，等. 璧山石灰石矿山地质环境预测与防治[J]，河北联合大学学报(自然科学版)，2015，37(1)：121－126.

于素红，魏永齐，尹红美. 露天采矿矿山地质环境与恢复的意义[J]，地下水，2011，33(1)：142－143.

基于分形理论和GIS的煤矿采空裂缝研究

姚超伟[1,2]，向茂西[1,2]，李永红[1,2]，范立民[1,2]

(1.陕西省地质环境监测总站，陕西 西安 710054；
2.矿山地质灾害成灾机理与防控重点实验室，陕西 西安 710054)

摘 要： 利用分形理论和MapGIS地理信息软件的空间分析模块，对陕北神木大砭窑煤矿在长壁式综合开采法下引发采空裂缝的空间分布特征进行初步探讨，计算出其分维值为1.45～1.51。分析认为，煤矿采空引发的裂缝具有自相似性，无论采空裂缝走向如何改变，其分形结构和性质都一直存在，而且能够通过分维值的大小对其发育的复杂程度进行定量化描述，分维值越大，结构越复杂。综合考虑裂缝的形成因素和地质环境条件，进一步研究其分形结构，对研究采空裂缝的进一步发展有一定的预测意义。

关键词： 陕北；煤矿；裂缝；分形；分维值

分形学理论是数学家B. Mandelbrot于20世纪70年代初创立的一门现代非线性学科，在许多领域都有普遍运用。分形研究，使自然界中那些看似复杂无规律的现象，能够用数学方法来进行模拟。分形特征量用分维数来表达。分形的突出特点是无特征尺度，核心是自相似性，就是说当研究对象的时间或空间尺度发生变化时，结构特征仅产生缩放，不会有其他变化，局部结构和整体之间为无穷嵌套关系。因此，可利用采空裂缝在平面上的分形特征研究裂缝在煤矿开采工作面的发育程度和分布规律。

本文依托陕北煤炭开采区水工环专项调查项目，选取陕北神木大砭窑煤矿为研究对象，探寻煤矿采空裂缝的自相似特征，求得采空裂缝分维数，并对不同方向裂缝进行定量化描述，揭示采空裂缝的分布特点。

1 陕北煤炭资源开发现状

陕北地区煤炭资源丰富，其神府煤田，是我国目前已探明储量最大的煤田，属世界级大型煤田。其中神木县为我国第一产煤大县，面积7635km^2，含煤面积占神木县总面积58.94%，达到4500km^2。根据相关资料和实地调查，截至2014年底神木县共有煤矿企业117个，主要分布在大柳塔镇、孙家岔镇、店塔镇、西沟办事处等。特殊的气候条件、地形地貌、地表物质组成条件，加上长期的煤炭资源开发，使原本脆弱的生态环境、地质环境变得更加恶劣。全县采空区面积达414.5km^2，采空导致的地面塌陷及裂缝极为严重。

本文选取的研究区-大砭窑煤矿，位于神木县以东西沟办事处一带，矿区面积为25.4088km^2。

2 研究区的地质概况

2.1 地质概况

大砭窑煤矿所处地貌单元主要为黄土梁峁区，煤矿范围内地表出露地层主要为第四系和新近系松

基金项目： 国家重点基础研究发展计划(973计划)(2013CB227901)

作者简介： 姚超伟(1987—)，男，河南渑池人，助理工程师，主要从事地质灾害防治工作。E-mail：547599668@qq.com

散沉积物，基岩仅在较大沟谷两侧出露。地层由上到下依次为第四系全新统风积沙（Q_4^{eol}）及冲积层（Q_4^{al}）、中更新统离石黄土（Q_2^{eol}）、新近系上新统保德组（N_2b）、侏罗系中统延安组（J_2y）、三叠系上统永坪组（T_3y）。其中侏罗系中统延安组为含煤地层，共含3层煤层，自上而下编号依次为4^{-3}、$4^{-3下}$、5^{-2}煤层，4^{-3}、$4^{-3下}$煤层为不可采煤层，5^{-2}煤层为全区可采煤层，埋深为56～166m，整体为北厚南薄的特点，平均厚度2.46m。

2.2　采空裂缝的发育特征

大砭窑煤矿开采时间较长，初期为房柱式开采。对于顶板稳定性较差的煤层，开采3.5m预留6m，对于顶板稳定性较好的煤层，开采5m预留5m，房柱式开采形成的采空区面积较小。近年大砭窑煤矿进行了机械化改造，主要采用长壁式综合开采方法，形成采空区面积较大。根据收集资料与野外调查，大砭窑煤矿开采所形成的采空区面积约为4.54km²，主要位于井田的东北部（图1）。

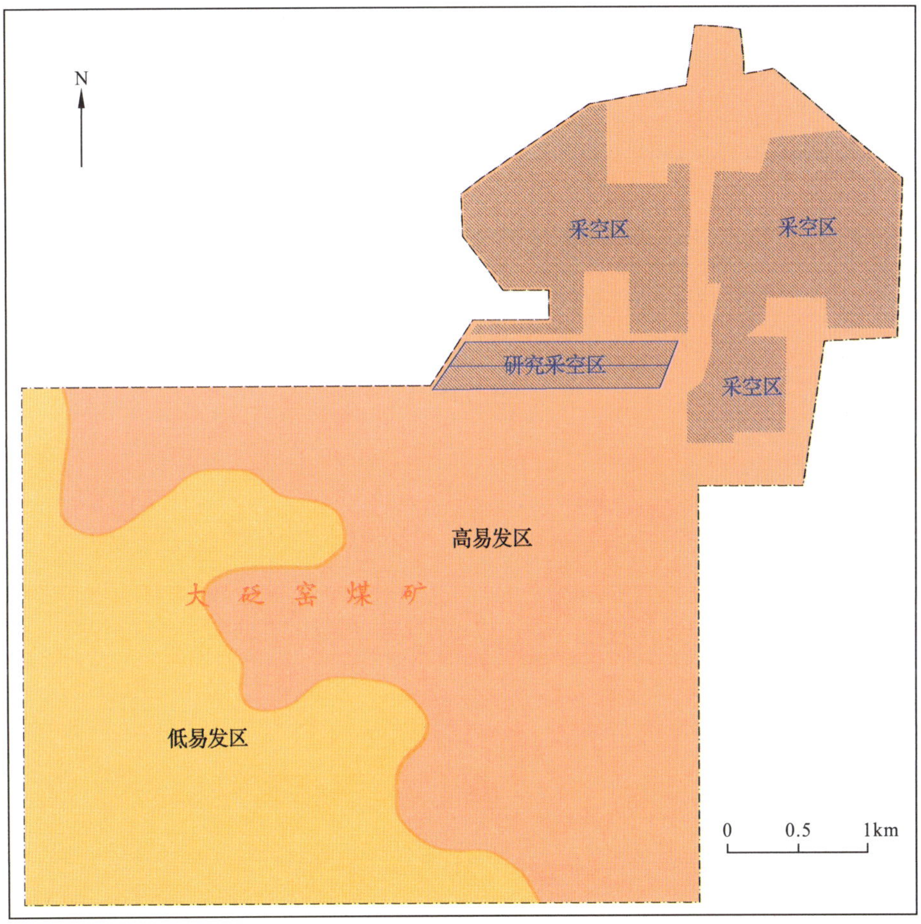

图1　大砭窑煤矿采空易发区分布图

煤矿采空引发了矿区地面塌陷，表现形式以采空裂缝为主，无明显的塌陷坑。大砭窑煤矿的采空区面积较大，本文选取其中两个综采工作面进行研究，并根据裂缝的平面展布方向，在裂缝拐点及相交节点位置处布设控制点，共跟踪了采空裂缝30条（图2），布设控制点176个。

3　分形分维方法

分维数的测算方法有许多种，常用的有计盒维数法、康托点集法等。本文采用计盒维数法，便于在计算机上借助软件实现，具体算法步骤为：

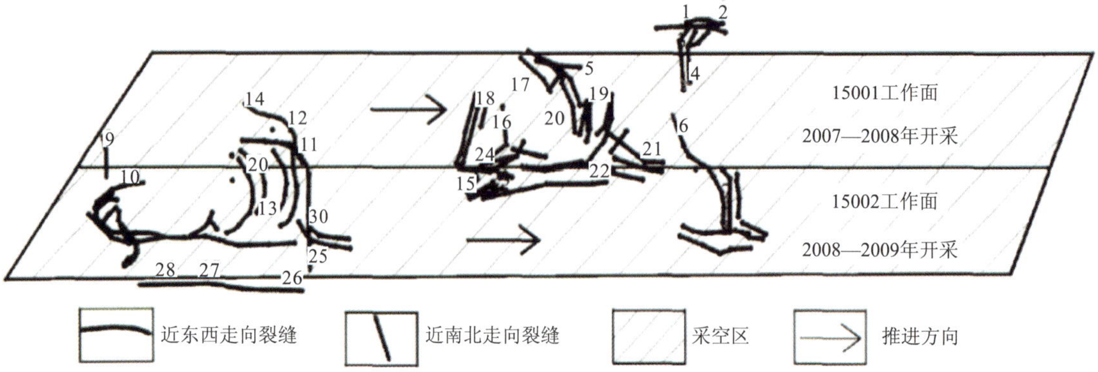

图 2　研究工作面的采空裂缝追踪示意图

(1)首先在采空裂缝追踪示意图上，覆盖边长 $r=r_0$ 的正方形网格(图 3)，然后对网格边长 r 进行改变，使 $r=r_0/2$、$r_0/4$、$r_0/8$，分别统计出不同边长 r 的正方形网格与裂缝相交的格子总数 N。

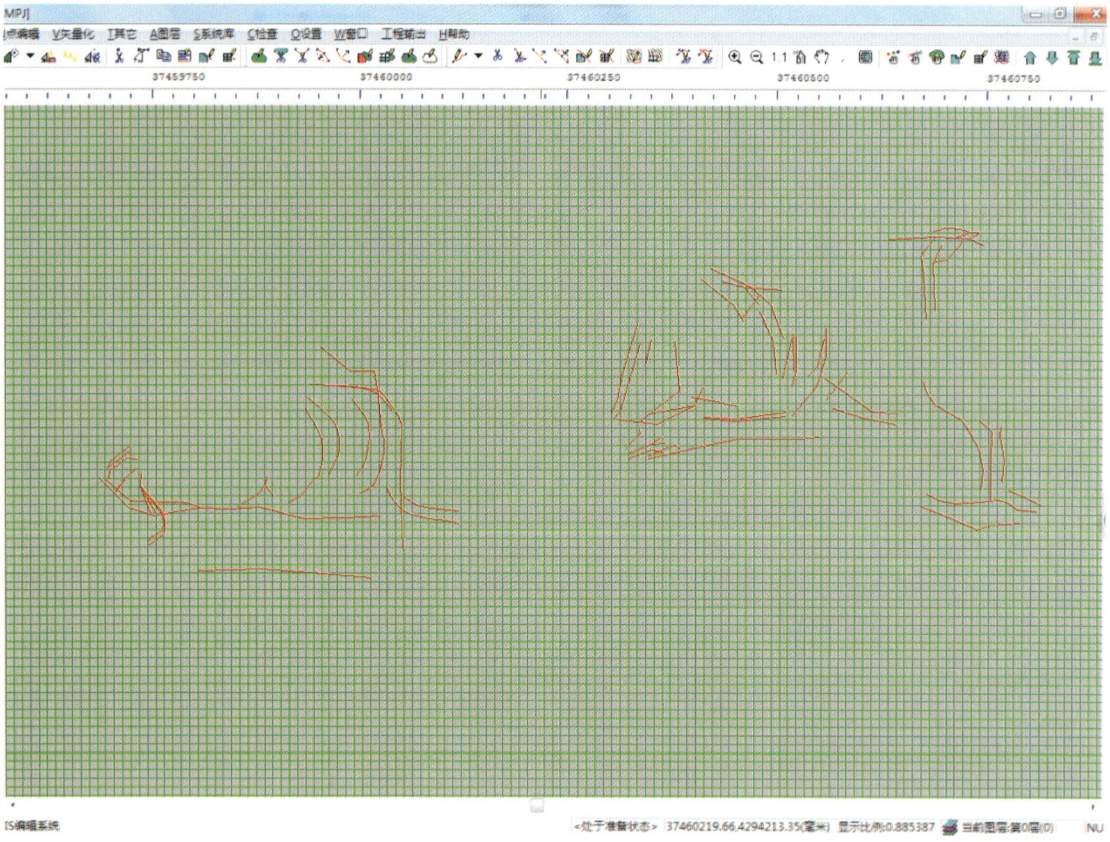

图 3　采空裂缝追踪示意图上覆盖正方形网格

(2)利用关系式：

$$N = Cr^{-D}$$

式中：C——常数；

D——计盒分维数。

若采空裂缝存在自相似性，则在双对数直线坐标下，$\ln N$ - $\ln r$ 为斜率为 $-D$ 的直线，即：

$$\ln N = a + (-D)\ln r$$

(3)利用 Origin 软件拟合 r 和 N，求得分维数 D 和相关系数 R^2。

4　采空裂缝的分形分维研究

4.1　数据统计结果

本文计算选取的网格边长分别为 r=20m、10m、5m、2.5m，为避免手动计算造成的误差，本文使用 MapGIS 地理信息软件的空间分析模块自动叠加计算。根据上述统计方法，分别统计整体、东西走向、南北走向地裂缝在不同网格边长下的盒子总数(表 1)。

表 1　空间分析模块自动叠加计算结果表

r(m)	$N_{整体}$	$N_{东西}$	$N_{南北}$
20	282	141	184
10	774	366	473
5	2161	996	1304
2.5	6538	2936	3984

4.2　图形的建立

根据表 1 计算出 ln$N$ 和 ln$r$，分别建立整体、东西走向、南北走向裂缝的 ln$N$－ln$r$ 关系图(图 4～图 6)，即可得到相应的分维值，其拟合直线相关系数 R^2 均大于 0.997 80。

4.3　结果分析

从图 4 能够看出，研究工作面整体采空裂缝的 ln$N$－ln$r$ 近似为一条斜率为 1.5086 的直线，说明了在特征标度 r 下，网格边长 r 与相交格子总数 N 的函数遵守 lnN=a+(－D)ln$r$，显示研究工作面内的采空裂缝整体具备分形结构和性质，无标度区在整个区段内都存在。图 5 和图 6 表明出，采空裂缝在东西走向和南北走向下，ln$N$－ln$r$ 之间也呈现线性关系。所以无论采空裂缝走向如何改变，其分形结构和性质都一直存在，无标度区的存在与裂缝走向毫无关系。

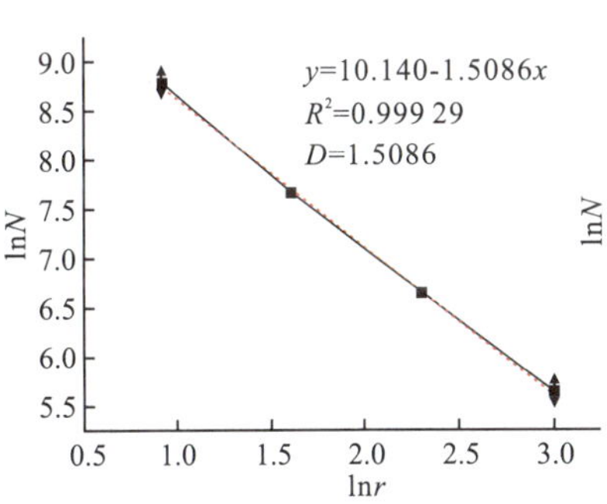

图 4　整体裂缝分维图

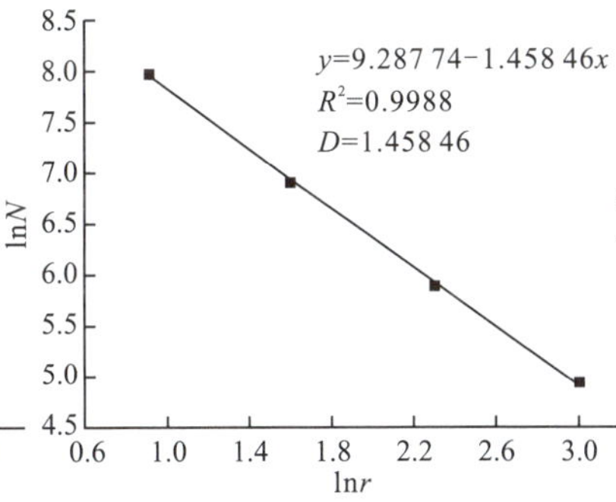

图 5　东西走向裂缝分维图

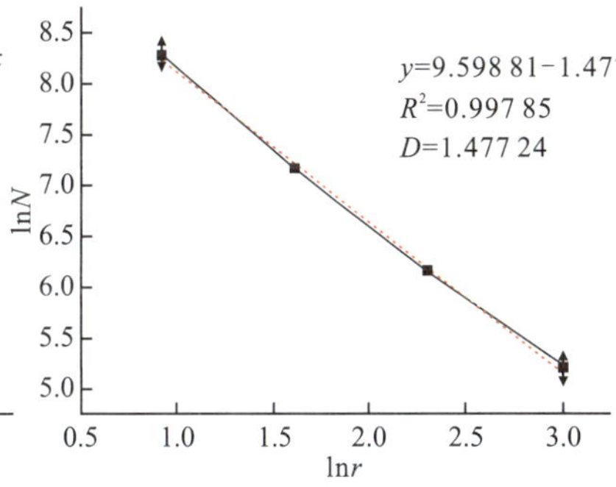

图 6　南北走向裂缝分维图

分维值能够反映复杂形体占据空间的有效性。本文研究的采空裂缝大致位于一个二维平面内，但是各条采空裂缝之间都存在空白区，未将二维空间充填，因此本文求得的 3 个分维值均小于 2。分维值大小还是复杂形体的某种几何指标(如长度、面积、体积)在各种特征尺度下的共性规律反映。对于本文来说，分维值是不同特征尺度 r 下采空裂缝复杂程度的量度。整体裂缝走向复杂，形状杂乱，相应的分维值较高，为 1.508；东西走向裂缝为顺工作面推进方向，裂缝较为平直，走向单一，其分维值偏低，为 1.458；南北走向裂缝垂直与工作面推进方向，裂缝多为弧形，且分布密集，故其分维值要高于东西走向裂缝但小于整体裂缝，为 1.477。由上述研究可知，大砭窑煤矿长壁式综合开采法形成的采空裂缝分布空间维数大约在 1.45～1.51 之间。

5 结　论

煤矿采空引发的裂缝具有自相似性,无论采空裂缝走向如何改变,其分形结构和性质都一直存在。裂缝分维值的大小能够对其发育复杂程度进行定量化描述,本文研究工作面在长壁式综合开采法下形成的采空裂缝分维值在1.45～1.51之间,分维值越大,结构越复杂。综合考虑裂缝的形成因素和地质环境条件,进一步研究其分形结构,对采空裂缝的发展趋势预测具有一定的参考意义。

参考文献

陈建平,范立民,李成,等.基于模糊综合评判和GIS技术的矿山地质环境影响评价[J].中国煤炭地质,2014,26(2):43-48.

陈佩佩,武强,张守仁,等.山西榆次地裂缝几何形态研究[J].西北地质,2003(1):100-104.

陈永康,陈锁忠.苏锡常地区地裂缝分形的初步研究[J].江苏地质,1999,23(3):176-179.

杜江丽,李永红,姚超伟,等.神木县斜坡体结构类型与地质灾害的关系[J].地质灾害与环境保护,2015,26(4):53-58.

范立民,蒋泽泉.榆神矿区保水采煤的工程地质背景[J].煤田地质与勘探,2004,32(5):32-35.

范立民,马雄德,李永红,等.西部高强度采煤区地质灾害现状与防控技术[J].煤炭学报,2017,42(2):276-285.

范立民,向茂西,彭捷,等.西部生态脆弱矿区地下水对高强度采煤的响应[J].煤炭学报,2016,41(11):2672-2678.

范立民,张晓团,向茂西,等.浅埋煤层高强度开采区地裂缝发育特征[J].煤炭学报,2015,40(6):1142-1147.

范立民.论保水采煤问题[J].煤田地质与勘探,2005,33(5):50-53.

高帅,姬怡微,何意平,等.基于层次分析法与Arcgis的榆阳区地质灾害易发性与危险性分区评价[J].地质灾害与环境保护,2015,26(3):98-104.

韩健楠,刘海南,贺卫中,等.陕北榆神府生态脆弱矿区地质灾害演化过程[J].灾害学,2017,32(1):177-182.

贺卫中,向茂西,刘海南,等.榆神府矿区地面塌陷特征及环境问题[J].煤田地质与勘探,2016,44(5):131-135.

姬怡微,何意平,李成,等.榆林市榆阳区地质灾害类型及活动特征[J].地质灾害与环境保护,2015,26(2):32-37.

李永红,何意平,康金栓,等.陕北煤矿区地质环境保护与恢复治理措施[J].中国煤炭地质,2014,26(4):41-45.

李永红,刘海南,范立民,等.陕北榆神府生态环境脆弱区地质灾害分布规律[J].中国地质灾害与防治学报,2016,27(3):116-121.

刘海南,姚超伟,李永红,等.陕西省神木县地质灾害详细调查报告[R].西安:陕西省地质环境监测总站,2014.

彭捷,李永红,刘海南,等.榆神矿区大砭窑煤矿地面塌陷与地裂缝发育规律[J].中国煤炭,2015,41(10):37-41.

田洪艳,周道玮,李质馨,等.草原地裂缝分布的分形特征研究[J].干旱区研究,2003,20(1):53-59.

仵拨云,李永红,向茂西,等.神府矿区西沟-柳沟流域地面塌陷及其环境效应[J].中国煤炭地质,2015,27(11):31-36.

姚超伟,李永红,杜江丽,等.陕北崩塌灾害发育特征和空间分布规律[J].地质灾害与环境保护,2015,26(3):27-32.

天台山景区灵官垭滑坡特征及防治设计

刘峰君，祝武安，杨 宁，向 阳，蒋 朴

（陕西地矿汉中地质大队，陕西 汉中 723000）

摘 要： 天台山景区因多年采矿、工程建设等人类活动诱发的滑坡、采空塌陷等地质灾害频发，给景区建设带来极大安全隐患，严重影响了景区的运营和发展，如何预防和治理此类灾害成为工程建设活动的首要问题。本文以灵官垭滑坡为例，通过详细勘察，查明了滑坡的分布、发育特征、成因及影响因素。提出了抗滑桩＋浆砌片石方格骨架护坡＋浆砌石护脚挡墙＋加筋土挡墙进行综合治理的滑坡整治方案，可供类似工程参考。

关键词： 天台山；磷锰矿区；滑坡成因；滑坡稳定分析；治理设计

0 引 言

天台山景区2003年经国家批准建立森林公园，景区内集奇特的自然景观和丰富的人文景观于一体，被誉为“陕南第一名山”。1965年天台山大中型磷锰矿床被发现于此，多年的勘探和开采活动引发了一系列的地质环境问题，特别是地面塌陷、地裂缝、崩塌、滑坡、泥石流以及含水层破坏、地形地貌景观破坏等，严重影响了景区的建设、运营和发展。

本文以天台山景区灵官垭一带因硐采弃渣顺坡堆放和人工回填形成的滑坡（H9、H10）为例，分析论述了滑坡形成的原因、诱发的主要因素和防治措施。2014年灵官垭公厕改扩建工程实施，因未先治坡，2015年公厕建成至今坡体出现了局部拉裂缝，且有蔓延扩张之势，对建成公厕形成较大安全隐患。

1 滑坡区地质环境

1.1 地形地貌

天台山国家森林公园景区处于秦岭南坡，汉中盆地之北低-中山地带。海拔高度一般为800.0～1800.0m，最低533.0m，最高2037.6m，最大相对高差1504.6m。地貌特征以中山为主，兼有低山、谷地，区内重峦叠嶂、沟壑密布。

滑坡区位于天台山景区灵官垭道观西侧约70m处，海拔高度为1379.0～1414.8m，最大高差35.8m，总体坡度上陡下缓，自然坡度为35°～50°，滑坡后缘基岩裸露，受人类工程活动影响，滑坡体主要为人工回填土和碎石（弃渣）填土。

场地地貌单元属中山地貌。

1.2 地层岩性

滑坡区地层由新到老分别为：第四系杂填土、碎石素填土和前寒武系绢云片岩。主要特征如下：

作者简介： 刘峰君（1987—），男，陕西汉中人，助理工程师，主要从事岩土勘察、地质灾害勘察、设计和其他水工环工作。E-mail：452788814@qq.com

①$_1$ 杂填土(Qh^{ml}):灰黄色—黄褐色—灰黑色,色杂,湿,松散—稍密,由黏性土、腐殖土混碎石组成,近地表见混凝土块。碎石含量 10%～50%不等,棱角状,岩性以含碳千枚岩为主。局部夹建筑砖块、砂石,并有树枝、塑料碎片等生活垃圾。层厚 1.20～7.00m,平均厚度 3.68m。物质组成不均,系新近人工回填,多孔隙,压缩性高,工程性能差。

①$_2$ 碎石素填土(Qh^{ml}):黑色、灰色—灰黄色,色杂,稍密—中密。主要为 20 世纪 70 年代采矿活动弃渣及人工回填碎石土,由岩块、岩屑及碎石组成。岩性为含碳千枚岩、含锰白云岩、磷块岩,岩块呈片状、棱角状。层厚 2.40～7.30m,平均层厚 5.00m。在 H9 滑坡范围以矿渣为主,在 H10 滑坡范围以回填时间较早的碎石填土为主。属中等压缩性土,工程性能一般,地基承载力特征值 180kPa。

②绢云片岩(An∈):浅灰色—浅灰黄色—银灰色,片状、片麻状构造,鳞片变晶结构。主要矿物成分为绢云母、石英、钠长石,次要矿物为绿泥石、绿帘石、磷灰石等。岩石全风化,片理十分发育,锤击声哑,无回弹,易碎,捏搓具滑感;遇水软化,可捏成团。据附近地表露头,其产状为 170°∠75°。最大揭示厚度 8.80m。属极软岩,工程性能一般—中等,地基承载力特征值 400kPa。地层分布见图 1。

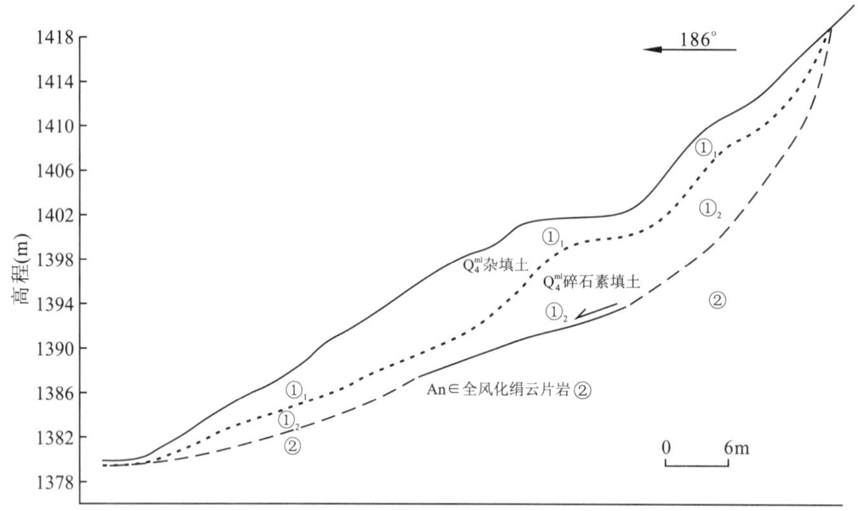

图 1　工程地质剖面图

1.3　水文地质条件

滑坡区地表水、地下水的分布主要受地形地貌、地层岩性及地质构造控制,平时无地表水,地下水多赋存于岩土体孔隙、裂隙中。区内地形坡度较陡,有利于地表水、地下水径流、排泄,水体总体循环快。

根据地下水的赋存条件和含水介质特征,划分含水、隔水岩组(层)如下。

1.3.1　第四系松散堆积层孔隙含水岩组(层)

赋存于第四系松散堆积层孔隙中,含水介质为第四系全新统①$_1$ 杂填土(Qh^{ml})、①$_2$ 碎石素填土(Qh^{ml}),主要分布于近地表,受大气降水补给。滑坡区均有分布,厚度不大,透水而不含水。

1.3.2　前寒武系绢云片岩隔水岩组(层)

该层易风化,风化后多呈泥土状,基岩裂隙少见,是较好的隔水岩层。该层作为下伏基岩在滑坡区内均有分布。

地下水主要接受大气降水的入渗补给,以大气蒸发及地下径流为主要排泄方式。绢云片岩为相对隔水层,由于上部回填土粒径粗,渗透性好,地下水往往汇集于回填土底面和下伏基岩交接部位,这是导致建设场地滑动蠕变的主要因素。

1.4 地质构造与地震动参数

天台山景区大地构造位置处于秦岭褶皱系康县-略阳华力西褶皱带的东段，汉南古陆北侧，跨及南秦岭印支褶皱带白水江-白河褶皱束、扬子准地台汉南古陆之汉中断凹。勘察场地以南约 3.5km 处有 1 正断层，临区地震活动性和频度均较低，2008 年四川汶川发生 8.0 级地震，汉中市 11 个县区均有强烈震感，地震烈度Ⅴ至Ⅵ度。

根据《中国地震动参数区划图》(GB 18306—2015)确定场地地震动峰值加速度值为 0.10g，特征周期值为 0.45s，按Ⅱ类场地确定地震烈度为Ⅶ度，治理设计应考虑地震工况。

2 滑坡特征

H9 滑坡平面形态呈倒舌形，滑体后缘边界呈舌尖形，主滑剖面形态呈内凹型。总体坡度上陡下缓，中间相对平缓。经对滑坡测绘、勘探分析，该滑坡主要为早期人工顺坡堆放矿渣形成，滑体物质为松散堆积物(矿渣为主)，具有明显的顺坡自然堆放形态特点，滑坡周界为矿渣堆积体外周界线，主滑方向 186°，自然坡度 35°～50°，南北长约 60m，东西宽 25～40m。滑体厚度从上到下整体上呈“薄—厚—变薄”的特点，其最大厚度 8.80m，滑坡体积约 $1.05\times10^4 m^3$。调查发现在滑坡体的中下部可见横向张性裂缝，缝宽 1～5cm，延伸 2～10m。综上所述，该滑坡属浅层、小型、牵引式堆积层滑坡(图 2)。

H10 滑坡平面形态不明显，滑体前缘为人工修筑的路肩挡墙，滑坡后缘未见明显变形、裂缝，滑坡前缘可见路肩挡墙开裂错位(裂缝宽 1～10cm，错台高 10～25cm)、防撞墩下陷(下陷深度 0.6m)、道路外侧路面开裂(裂缝宽 5～15cm，错台高 15cm)。根据变形特点确定其主滑方向 212°，纵长约 15m，滑坡前缘宽约 20m。坑探揭示滑体最大厚度 6.0m，滑坡体积约 $0.075\times10^4 m^3$。综上所述，该滑坡属浅层、小型、推移式堆积层滑坡(图 3)。

图 2 H9 滑坡影像

图 3 H10 滑坡影像

2.1 滑体特征

滑体物质主要由①$_1$ 杂填土、①$_2$ 碎石素填土组成。在 H9 滑坡体范围以矿渣为主，在 H10 滑坡体范围以回填时间较早的碎石填土为主。

2.2 滑面(带)特征

②绢云片岩为相对隔水层，遇水软化后强度降低，形成滑面(带)，根据钻孔岩芯可见上覆堆填矿渣底部(约 60cm 厚)有明水析出(图 4)，下伏绢云片岩顶部约 10cm 厚岩芯被水软化，被水软化后的绢云片岩强度变低，工程性能变差，形成潜在滑动面，滑带厚度约 10cm(图 5)。

图 4　滑体底部岩芯明水析出

图 5　滑床顶部绢云片岩浸水软化

3　滑坡成因分析及稳定性评价

3.1　滑坡成因

3.1.1　H9 滑坡

H9 滑坡所处位置自然坡度 35°～50°，滑坡后缘与前缘最大高差 39m，整体上呈上陡下缓之势，是形成滑坡 H9 的有利地形地貌条件。顺坡堆放大量的废弃矿渣，其结构松散，固结性较差，孔隙发育，渗透性好，钻探及地震地质解译剖面看，堆填矿渣最厚处近 9m，下伏全风化绢云片岩为相对隔水。在连绵阴雨期，一方面使滑体重度增加，下滑力增大；另一方面坡面降水下渗至绢云片岩基岩顶面，使全风化绢云片岩泥化，抗剪强度大幅度降低，形成潜在滑动面，从而导致滑体发生蠕变滑动。

其次，2014 年新建公厕完全建在 H9 滑坡体上，建设过程基础开挖部分渣石再次沿坡堆放，也是造成新建公厕平台前缘坡体局部开裂、下陷的主要原因，在雨水冲刷下局部有拉坡现象。

3.1.2　H10 滑坡

该滑坡在早期曾发生局部滑塌，后在修路时对其进行了回填，由坑探及地震地质解译剖面看，该处填土厚 4～5m，未形成连续滑面，地表所见仅在道路外沿（即滑坡前缘）发生防撞墩下陷、挡墙顶部及墙身开裂，滑坡体上部及下部未见明显变形。

总体上来看，造成 H10 滑坡的成因主要有以下几点：

（1）多期次人工回填及景区道路建设，造成土体结构不均，道路外侧形成高陡临空面，边坡土体应力重分布是形成滑坡的先决条件。

（2）景区道路常年有拉矿重型车辆通过，在弯道离心力作用下，道路及其临空侧挡墙受到反复碾（挤）压而开裂变形，重型车辆的弯道离心力是滑坡形成的直接诱因。

（3）道路外沿路面开裂、挡墙顶部裂缝是降水渗入的通道，降雨是滑坡产生的又一诱因。

3.2　滑坡稳定性评价

根据拟建场地自然斜坡形态结合勘察资料对边坡稳定性进行定量分析。利用理正软件采用詹布法进行滑坡稳定性计算。计算所用参数，通过室内试验和反算参数综合确定。计算时分天然状态（工况Ⅰ）、饱和状态（工况Ⅱ）2 种工况。各工况均考虑地震作用力。

计算结果：H9 滑坡天然状态下安全系数 $K_f=1.253$，坡体稳定；饱和状态下，安全系数 $K_f=0.831$，坡体不稳定。H10 滑坡天然状态及饱和状态安全系数 K_f 均大于 1.15，坡体稳定。日后在降雨入渗、地下水及运输车辆荷载等共同作用下，坡体不稳定，应进行加固处理。

4　滑坡防治工程设计

由于工程处在景区核心地带，治理方案设计时应综合考虑，尽可能减少对景观及其他设施的破坏，在达到治理效果的同时应考虑其美观性。

4.1　抗滑桩设计

在 H9 滑坡中下部设置一排抗滑桩，消除和减缓坡体进一步蠕动变形。桩型为挖孔灌注桩，矩形截面为 1.5m×2.0m，桩间距(中心至中心)为 5.0m，总桩数 7 根。桩身混凝土等级 C30，钢筋等级为主筋 HRB400、箍筋 HRB335，主筋 $A28$，箍筋 $A16$。

桩嵌入②绢云片岩，嵌固深度 7.0m，嵌固端以上土层(滑体)最大厚度 9.0m，综合确定总桩长(最长)16.0m，桩顶与地面平齐。其余桩长根据现场桩孔开挖情况确定，确定原则为：桩嵌固端进入②绢云片岩深度不小于上覆堆积层(①$_1$ 杂填土和①$_2$ 碎石素填土)厚度，同时要求桩底所在土层承载力不小于 600kPa。具体方案见图 6。

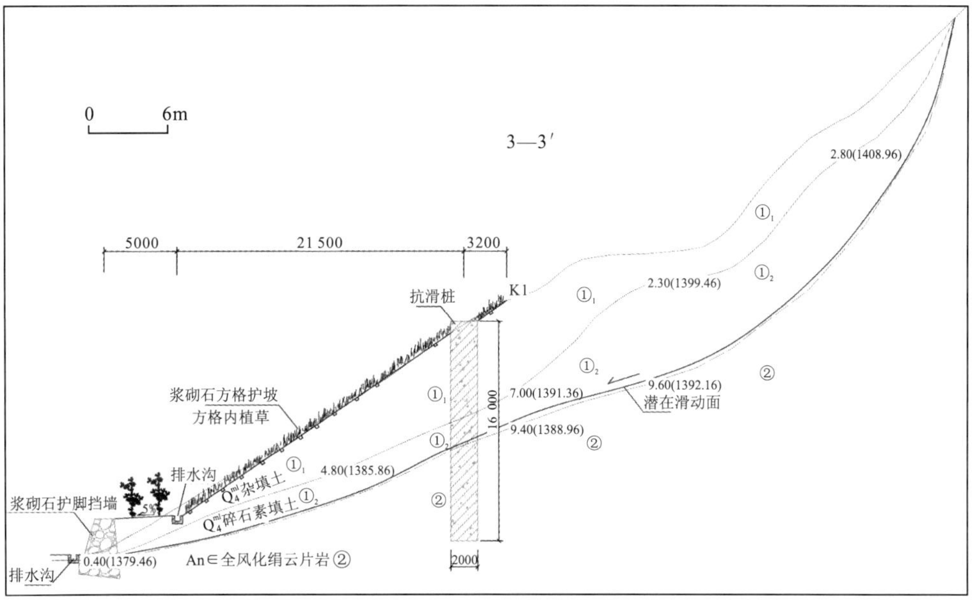

图 6　治理工程设计剖面图

4.2　浆砌片石方格骨架护坡

在 H9 滑坡坡面上砌筑方格骨架护坡，对其进行坡面防护、加固。方格骨架护坡采用 M10 砂浆砌片石砌筑，方格内铺草皮。方格净尺寸 2.0m×2.0m，骨架宽 50cm、厚 40cm，做成短“L”形以便坡面流水，每 10m 设一道沉降缝，缝宽 2cm 沥青砂板填塞，缝两侧各设置 60cm 宽镶边，护坡底部设置 90cm 宽护脚。具体方案见图 6。

4.3　浆砌石护脚挡土墙

在 H9 滑坡坡脚位置设置浆砌石挡墙，起到压脚的作用。挡土墙采用 M10 砂浆砌块石砌筑，M10 砂浆勾缝、抹顶面，俯斜挡墙，梯形断面，顶宽 1.5m，墙高 4m，基础埋深 1.5m，墙面设 Φ100PVC 排水管，1.5m×1.5m 梅花形布置。具体方案见图 6。

4.4　加筋土挡墙

针对 H10 滑坡的治理措施，设置在其上方道路外侧，能够有效减缓填方路基的侧向变形，设计墙高6m，加筋体采用整体钢塑土工格栅(标称抗拉强度不小于 80kN/m)，垂向铺设间距 40cm，墙面采用 C25 现浇钢筋混凝土面板(双层双向 *A*8 钢筋挂网)。具体方案见图 7。

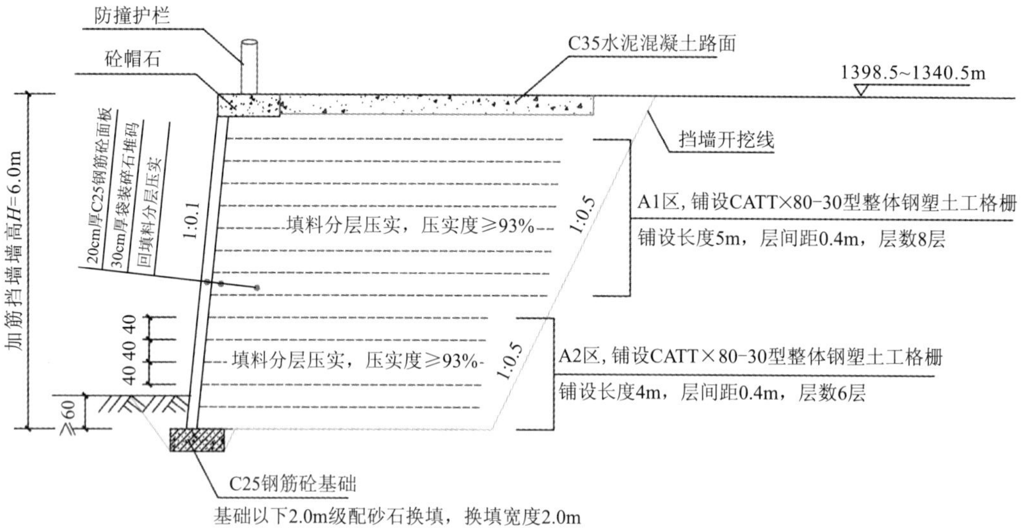

图 7　加筋土挡墙方案

4.5　截、排水沟

设置在挡墙的墙顶和墙脚位置，主要用于坡面截水和墙脚排水，综合考虑其坡面汇水面积，设计截、排水沟过水断面 0.4m×0.4m，沟身厚 20cm，采用 C25 混凝土浇筑。截、排水沟的纵向比降根据实际地形选取，但不缓于 1/200。

5　结　论

(1)H9 滑坡：主要为早期人工顺坡堆放矿渣形成，滑体物质以松散堆积物(矿渣)为主，具有明显的顺坡自然堆放形态特点。滑坡周界为矿渣堆积体外周界线，主滑方向为 186°，南北长约 60m，东西宽 25～40m，最大厚度 8.80m，滑坡体积约 $1.05\times10^4m^3$。该滑坡属浅层、小型、牵引式堆积层滑坡。

H10 滑坡：位于弯道填方路基地段，受重型拉矿车辆常年碾压，路基发生了下陷和侧向鼓胀，造成路面损坏，路肩墙开裂。滑体物质以杂填土为主，局部不均。滑坡平面形态不明显，根据变形特点确定其主滑方向为 212°，纵长约 15m，滑坡前缘宽约 20m，滑体最大厚度 6.0m，滑坡体积约 $0.075\times10^4m^3$。该滑坡属浅层、小型、推移式堆积层滑坡。

(2)H9 滑坡所处位置自然坡度 35°～50°，滑坡后缘与前缘最大高差 39m，整体上呈上陡下缓之势，是形成滑坡的有利地形地貌条件。滑体物质为废弃矿渣，其结构松散，固结性较差，孔隙发育，渗透性好，下伏全风化绢云片岩为相对隔水。在连绵阴雨期，一方面使滑体重度增加，下滑力增大；另一方面坡面降水下渗至绢云片岩基岩顶面，使全风化绢云片岩泥化，抗剪强度大幅度降低，形成潜在滑动面，从而导致滑体发生蠕变滑动。

H10 滑坡的成因主要有以下几点：①多期次人工回填及景区道路建设，造成土体结构不均，道路外侧形成高陡临空面，边坡土体应力重分布是形成滑坡的先决条件；②景区道路常年有拉矿重型车辆通过，在弯道离心力作用下，道路及其临空侧挡墙持续开裂变形，重型车辆的弯道离心力是滑坡形成的直接诱因;③道路外沿路面开裂、挡墙顶部裂缝是降水渗入的通道,降雨是滑坡产生的又一诱因。

(3)H9 滑坡天然状态下处于稳定状态。饱和状态下,处于不稳定状态。

H10 滑坡天然状态及饱和状态处于稳定状态。在降雨入渗、地下水及运输车辆荷载等共同作用下,坡体不稳定,应进行加固处理。

(4)H9 滑坡治理方案:设置抗滑桩进行阻滑,采用浆砌片石方格骨架护坡进行坡面防护,坡脚修筑浆砌石挡墙进行护脚。

H10 滑坡治理方案:采用加筋土挡墙对路基进行置换、加固。

参考文献

陈建平,范立民,杜江丽,等.陕西省矿山地质环境治理现状及变化趋势分析[J].中国煤炭地质,2014,26(9):54-56,64.

陈建平,范立民,李成,等.秦巴山区矿产资源开采区地质灾害致灾模式研究[J].灾害学,2016,31(3):110-113.

党明福,邓印培,等.陕西省汉中市天台山磷、锰矿床勘探地质报告[R].渭南:陕西省地质矿产局第二地质队,1988.

范立民,何进军,李存购.秦巴山区滑坡发育规律研究[J].中国地质灾害与防治学报,2004,15(1):44-48.

李成,陈建平,杜江丽,等.石灰岩开采区硬岩边坡复绿技术及其适用性[J].中国地质灾害与防治学报,2016,27(2):149-153.

李成.陕西韩城煤矿群采区矿山地质环境恢复治理对策分析[J].中国地质灾害与防治学报,2013,24(1):40-45.

唐善祥,岳向阳,冯兴法,等.加筋土挡墙工程图集[M].重庆:重庆出版社,2013.

祝武安,刘峰君.汉中天台国家森林公园灵官垭滑坡治理工程勘察报告[R].汉中:陕西地矿汉中地质大队,2015.

矿山地质灾害调查地震勘探技术

马　丽[1,2]，贺正东[3]

（1.陕西省煤田物探测绘有限公司，陕西 西安 710005；
2.国土资源部煤炭资源勘查与综合利用重点实验室，陕西 西安 710054；
3.陕西能源集团有限公司，陕西 西安 710061）

摘　要：陕西是我国地质灾害比较严重的省份之一，地质灾害的类型有滑坡、泥石流、崩塌、地面塌陷、地裂缝等，地质灾害的发生相对集中在陕北、陕南及关中盆地南部与北部地区，本文介绍了除资料收集、遥感解译、拍照、室内测试常用地质调查技术以外的地震勘探调查技术。

关键词：地质灾害；地震勘探；滑坡

0　引　言

陕西地质地貌条件复杂，气候差异显著，矿产资源丰富，矿产资源开采力度大，旅游开发等人类工程活动影响显著，造成地质灾害类型多，分布广，频次高，损失大，是我国地质灾害比较严重的省份之一。地质灾害给人民生命安全、财产造成损失较大。陕西省地质灾害类型主要有滑坡、泥石流、崩塌、地面塌陷、地面沉降、地裂缝等，已经调查地质灾害隐患点 11 736 处，地质灾害易发区主要集中在陕南、陕北与关中盆地南部与北部地区。地质灾害形成的地质环境及主要诱发因素包括气象、水文、地形地貌、地层岩性、地质构造、地震、岩土体工程地质、水文地质、环境地质和人类工程经济活动。地质灾害的调查手段有地质资料收集与数字化、遥感解译、地面调查、山地工程、摄像与照片拍摄、室内测试与试验、地质灾害监测等。由于陕西省地质地貌条件复杂，地面植被发育，地质灾害具有隐蔽性、复杂性和难识别性等特点，基于地质钻探点式勘查的特点和槽探局部勘查的特点，尽管其具有直观性和准确性，但如果全面开展勘查的话投入勘查成本会较大，本文重点介绍地震勘探技术在地质灾害调查中所起到的作用。

1　技术特点

地震勘探是利用人工方法激发地震波，研究地震波在地层中传播情况，查明地下地质构造和有用矿藏的一种勘探方法。包括：反射波法、折射波法和透射波法。

折射波法是利用地层密度不同，地震波在存在速度差异的界面发生折射（尤其是当下层介质波速大于上层介质波速时）进而探测地层分界面。反射波法是接收地震波反射波，得到反映地层信息的数据，从而探测地质构造、地层岩性等。透射波是观测某种岩层的直达穿透波，振动点与接收点位于所观测地质体两侧，探测地质异常体或构造发育。

前两者多用于地面勘查，适用于地质灾害中滑动面、地质构造、采空区等影响因素的探测。后者更适用于井下探测，不适于地质灾害探测。

作者简介：马　丽（1975—），女，陕西三原人，高级工程师，主要从事地球物理勘探工作。

2 地震勘探在地质灾害调查中的作用

2.1 滑动面控制

滑坡，是斜坡上的土体或岩体受河流冲刷等外界因素影响，沿一定软弱面(带)整体或分散顺坡向下滑动的现象。滑坡面以上的滑坡体物质受外力影响，其结构受到一定破坏，结构松散，地面调查仅能观测到滑动影响范围，估计滑床的形态。受滑动影响，滑体结构变得松散，导致地震波传播至该地层中时波速降低、能量衰减，因此可用地震反射波法与折射波法对其进行控制。地震反射波法中，滑坡体内物质结构较原有地层松散、沉积岩层的特性变差，反射波凌乱，见图1。地震折射波法中，滑坡体中地震波传播速度降低为低速层，滑床及以下地层结构保持完整，地震波传播速度较快，采用不等道间距折射观测方式采集数据，采用相遇时距曲线方法寻找速度的拐点，各拐点连线便可很好地控制滑动面，图2是一个折射观测排列对地层速度拐点的探测，表层地层地震波传播速度约为435m/s，地层厚度14m；下伏地层速度1250m/s，连续观测，可识别低速地层分界面。

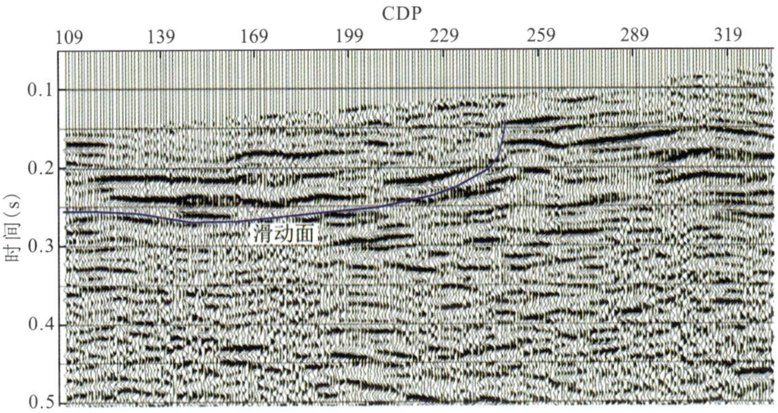

图1 重庆某滑坡群滑动面控制

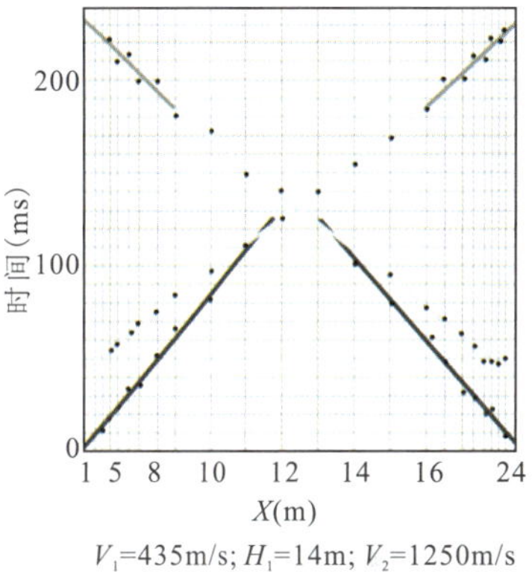

图2 折射地震法对低速层厚度识别

2.2 隐蔽地质构造控制

2.2.1 断层

大多数断层为隐伏构造，仅从地面调查是不易发现的，地震勘探根据沉积岩层状分布的特点识别地层，当地层的连续性受到破坏时，其在地震时间剖面上表现为同相轴的错断、扭曲，并伴随出现断层绕射波等特征波组，见图3。

2.2.2 陷落柱

在陷落柱发育深度较小，且覆岩岩性强度较低的情况下，陷落柱成为引发地质塌陷的一个主要因素。随着陷落柱发育规模的增大及在覆岩重力作用下，上覆岩层完整性破坏，塌陷。在地震时间剖面上陷落柱内部层状介质的波组出现下凹的趋势，反射波变得凌乱，当陷落柱破坏严重时，其内部的有效波组连续性变差甚至消失，见图4。

2.3 采空区控制

煤层开采后，在上覆围岩的重力作用下，随着时间的推移采空区上方的地层会破碎塌陷，使煤层反射波在采空区处的连续性受到破坏，同相轴中断或能量变弱、连续性变差，见图5。

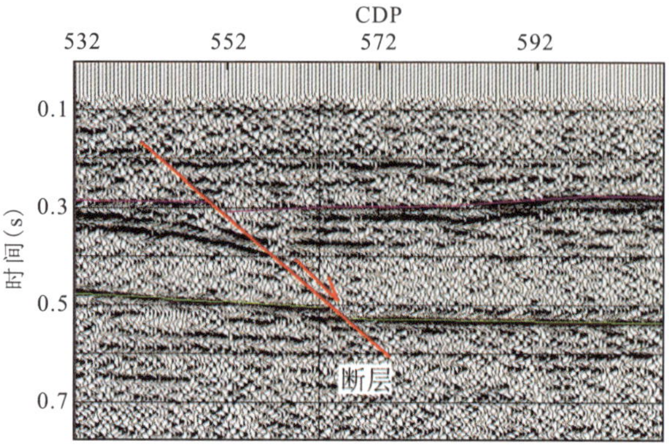

图 3 断层在时间剖面上的反映

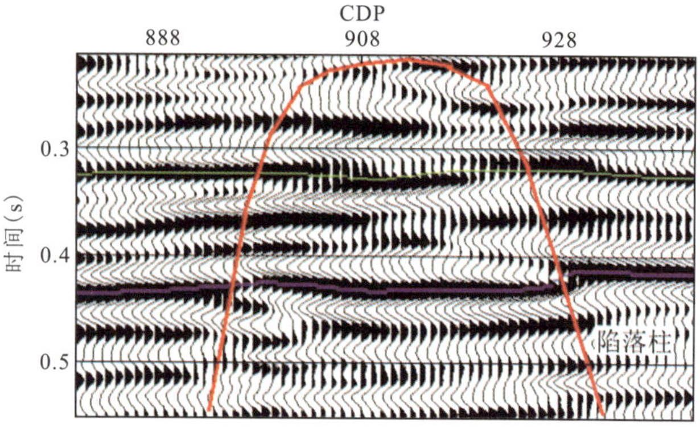

图 4 陷落柱在时间剖面上的反映

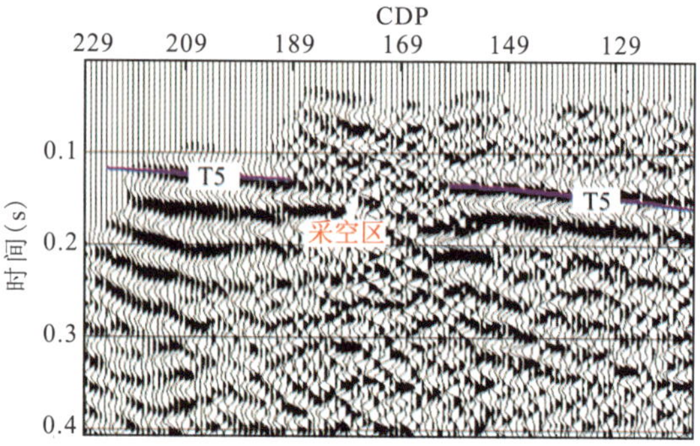

图 5 采空区在时间剖面上的反映

3 结 论

矿山地质灾害以浅、中层地质构造引发的地质灾害为主，如陷落柱、采空区引发的塌陷等。因此，地震勘探是对矿山地质灾害的地质灾害体和隐蔽致灾地质因素进行面上和空间上分布情况探测的一种有效手段，可以根据不同需要采用二维反射地震勘探技术或折射地震勘探技术进行探测，地震勘探的参数宜采用：小道距、小药量、小偏移距、多次覆盖，较其他地面调查更为深入地了解盖层下面地质体的异常特征，做到提前预防，准确控制。

参考文献

陈建平，范立民，杜江丽，等．陕西省矿山地质环境治理现状及变化趋势分析[J]．中国煤炭地质，2014，26(9)：54－56，64．

杜江丽，李永红，姚超伟，等．神木县斜坡体结构类型与地质灾害的关系[J]．地质灾害与环境保护，2015，26(4)：53－58．

范立民，李成，陈建平，等．矿产资源高强度开采区地质灾害与防治技术[M]．北京：科学出版社，2016．

范立民，张晓团，向茂西，等．浅埋煤层高强度开采区地裂缝发育特征[J]．煤炭学报，2015，40(6)：1142－1147．

李永红，刘海南，范立民，等．陕北榆神府生态环境脆弱区地质灾害分布规律[J]．中国地质灾害与防治学报，2016，27(3)：116－121．

马丽，冯西会，许德才．澄合矿区采区地震勘探技术分析与认识[J]．山东煤炭科技，2014，(5)：115－116．

马丽，金溪，贺正东．微动物探方法探测采空区[J]．中国煤炭地质，2013，25(5)：50－54．

马丽，刘江，贺正东，等．地震勘探在采空区探测方面的应用[J]．陕西煤炭，2008，27(2)：90－92．

周阳，邓念东，穆根胥，等．商州区地质灾害调查技术与方法探讨[C]//秦巴山区地质灾害与防治学术研讨会论文集．武汉：中国地质大学出版社，2016：110－116．

尾矿库对环境的影响及防治措施

武俊杰[1,2]，韩张雄[1,2]，倪天阳[1,2]

（1.陕西省地质矿产实验研究所，陕西 西安 710054；
2.陕西省矿产资源勘查与综合利用重点实验室，陕西 西安 710054）

摘　要：矿山的开发利用往往产生大量的尾矿，目前对选厂的尾矿还没有经济有效的处理方法。因此，尾矿大都存放在矿区附近的尾矿库中。随着尾矿库周围风化等条件的变化，尾矿库对周围的空气、地下水、土壤、植被及生态环境都造成了严重的威胁。本文针对这些污染方式，提出了相应的污染防治措施。

关键词：尾矿库；土壤污染；水环境污染；生态破坏；防治措施

0　引　言

我国矿产资源种类丰富，部分矿种储量居世界前列。然而，我国矿产资源总体特点是贫矿多、富矿少，多金属矿多、单一矿种少，金属品位普遍偏低，采选过程中形成的固体废弃物多，产生了大量的采矿场、尾矿库、废石场。截至 2014 年前后，我国至少有 10 多万座矿山，约有 12 000 座比较规模化的尾矿库。矿业的开发为我国的经济发展做出了巨大贡献，但同时也带来了严重的环境污染，使矿企和社会都面临着严峻的环境综合治理问题。尾矿中往往含有各种有毒有害的物质，会对矿山周围的空气、地下水、土壤造成严重的污染和生态破坏，尾矿库是一个具有高势能的人造泥石流危险源，一旦发生溃坝事故，破坏力巨大的泥石流将涌向下游区域，对人类的生存环境造成巨大的危害。

因此，分析和治理尾矿库的环境污染一直是矿山地质环境防治与管理研究的重要任务。

1　尾矿库对周围环境的影响方式

尾矿及尾矿库对环境的影响主要有土地占压、绿色植被破坏、尾矿废水外排、扬尘污染，因溃坝引起的地质灾害等。由于选矿工艺的不同，还会产生重金属及有毒药剂随废水下渗污染地下水及土壤。

1.1　对空气的污染

尾矿库对周围空气产生的影响主要是风蚀扬尘，主要来源于尾矿沉积滩面。选矿厂的尾矿浆通过管道系统排入尾矿库内，尾矿砂被矿浆携带一起进入库内沉淀，澄清水通过溢水塔向外排泄，库内形成干坡段和水域。在尾矿坝和干坡段上的尾矿砂粒度较小，含水量不高，在风力的作用下易产生扬尘现象，尾矿库颗粒污染物及其他有害物质随扬尘对周边空气及环境造成污染，随着时间的推进，这种现象还会逐步的增大。尤其是在天气干旱、少雨及大风季节，尾矿粉的飞扬会对空气环境造成更大污染。

1.2　对地下水环境的污染

矿山的尾矿库对水环境的污染方式，较常见的主要有尾矿库澄清水向外排泄、尾矿库渗漏泄漏和尾

作者简介：武俊杰(1984—)，男，甘肃天水人，工程师，主要从事矿产资源综合利用研究工作。E-mail：starwjj555@126.com

矿运输过程中泄漏，在非正常情况下发生的尾矿库洪水外排和尾矿库溃坝。

矿石中本身因含有各种金属元素以及在选矿过程中加入了大量的浮选药剂，因此产生了大量的药剂残留和有害物质，其中常见的有铅离子、铜离子、锌离子，还有黄药、黑药、松油、氰化物等。这些物质在选厂尾矿水储存和回流的过程中很容易伴随渗透水、外排水及输浆管道的跑冒矿浆而泄露进入外部环境。随着废水的泄露，这些物质也直接污染了地表水。而且废水中含有的有毒药剂可能会与尾矿中的各种元素发生物理或化学反应，形成新的有毒物质，通过渗透到地下水，造成水环境污染。

1.3　对土壤的污染

尾矿库对周边土壤的影响主要有两种途径：扬尘和污灌。一方面，尾矿库中的颗粒污染物及其他有害物质随扬尘对周边土壤造成污染；另一方面，尾矿库中的重金属及有毒有害物质会通过雨水冲刷等方式进入更深层次的土壤或者通过下渗方式随地下水流向地表，对附近土壤造成污染。如果利用尾矿库污水灌溉，更容易将有害物质带入土壤甚至造成整个农田生态系统失衡。

1.4　对自然植被的破坏

尾矿库建设会直接破坏库区局部山体表面的植被，占压土地，造成较大的山体裸露，影响山体表面绿化，破坏岩土山体局部的连续性和连通性，产生不协调的视觉冲击，加大了景观破碎度，改变了矿区的生态景观格局，降低了原景观的审美价值。另外，自然植被的破坏还会带来一系列环境和生态问题。

1.5　对周围生态的影响

尾矿水中的有害物质达不到排放标准排放时，会对人体、牲畜、鱼类及农田带来损害。尾矿成分及残留的选矿药剂会加剧对周围的生态环境的影响，尤其是含重金属的尾矿，其中的硫化物会产生酸性水，其流失将对整个生态环境造成极大危害。而在尾矿长期堆存的过程中，残留于尾矿中的硫化物、氯化物、氰化物、松醇油等有毒有害药剂会受空气、水、阳光的作用和自身的相互作用产生大量的有害气体或酸性水，从而加剧了尾矿中重金属的流失，流入耕地后会影响农作物的生长，使农作物中的重金属含量成倍增加；进入水系的有毒有害成分会毒害水生生物，甚至污染相当长的河流。

随着尾矿库库容的不断增加，必然会对坝体上游的山体坡面逐步覆盖，随着覆盖面积的增加，对周边存在的野生动植物及其生存环境也会不断产生新的破坏，从而导致了区域生态系统的不稳定性，对区域内的生态环境及连通性造成持续的破坏。

2　尾矿库环境污染防治措施

国内外学者对尾矿库的环境污染防治开展了广泛的研究，主要集中以下几个方面。

2.1　对空气污染的防治

研究表明，尾矿库采用湿排或干排方式对周围环境空气的影响差别不大。当尾矿含水率控制在15%左右时，尾矿库的扬尘可达标排放。由于同一尾矿库的起尘量主要取决于尾矿砂的裸露面积，因此为了降低或弱化尾矿库扬尘现象，要制定好年、季、月尾矿排放计划并严格执行，调配好放矿间隔时间，控制好干滩面的长度。另外，可建造专用的输水管网，通过洒水或形成水帘的方式增加尾矿砂的含水率；通过覆土植草等方式，减轻尾矿库因扬尘对周边区域带来的污染。

2.2　对土壤和地下水环境污染的防治

由于尾矿是选别时经过破碎形成的，粒度很细，不具有土壤的结构性能也无法为植物生长提供所需要的营养物质，对其直接进行复垦是十分困难的。因此，必须采取多种手段综合处理。

首先，选矿厂尾矿不能任意排放。在正常运行中，尾矿库的溢流水和坝体渗漏水均会回收后返回选厂再次利用，实现尾矿库对废水的“零排放”。对无法回收利用的尾矿水要进行处理达标后排放，尽可能降低对江河水系、附近土壤甚至地下水资源的污染风险。

其次，在尾矿库周边应设置地下水水质监控装置，定期进行监测，对尾矿库所处区域的地下水环境实现动态实时观察。

最后，为了减少尾矿库内的汇水面积和进入尾矿库的自然降水，实现“清污分流”，可在库区以上设置多级截洪沟，最大限度地将雨水收集再利用。

2.3 对周围生态影响的防治措施

生态恢复措施可采取在尾矿库周边种植防护林带，使风速降低，达到控制风蚀的目的；林带应采取灌草相结合的方式，选择适宜的树种和草种是恢复和重建库区生态系统的关键。选用当地优势型灌木为优，灌木生长快，蔓生性强。同时可选用播种草本植物，草本栽植宜采取较大的密度，形成密集的沟头防护网，防止冲沟向草原侵蚀。尾矿库服务到期后，应按照相关标准严格进行封场和覆土、恢复植被；严格执行水土保持方案，控制水土流失。

2.4 尾矿综合利用

为实现从源头上减少排入尾矿库的尾矿量，企业应对尾矿尽量进行多种方法综合回收利用。有些尾矿中含有作物生长所必需的微量元素，通过必要的处理就可作微量元素肥料或土壤的改良剂。有些尾矿可造砖，生产轻质砌块、砖棉、玻璃马赛克、瓷质外墙砖、玻化砖等。粗粒尾矿可以用作混凝土的粗集料，细粒尾矿砂和低硅高钙镁尾矿可以作为水泥原料。合适的尾矿可生产微晶玻璃和工艺玻璃等。

2.5 加强设计、施工、管理及检测过程

除了以上技术方面的防治措施外，还应该加强尾矿库设计、施工、管理及检测过程。

设计是尾矿库安全、经济运行的基础，应首先做好设计勘察工作，严格遵照尾矿库的设计标准。严格执行设计审查制度并且把好设计审查关。为了确保尾矿库的工程质量，应建立健全质量管理和保证体系。

在尾矿库的管理工作中，应针对尾矿库自身的特点有一套科学的管理制度，以及与之相适应的组织机构和人员。只有这样，才能弥补工程质量上的疏漏，设计上未能预见到的不利因素，确保尾矿库安全运行。

另外，加大政府监管力度，建立健全尾矿库环境安全管理制度，切实加强尾矿库环境安全监督检查至关重要。

3 结 论

(1)我国尾矿库的环境污染形势日趋严重，对当地居民乃至全国人民的生存环境都造成了极大的威胁。

(2)尾矿库技术是一门包含多种专业学科的综合性应用技术，需要多方面的知识和理论体系进行深入研究。

(3)我国尾矿库的环境污染防治研究还处于初级阶段，从政策法律到技术的重视程度还不够，大量的基础性的研究工作不够深入。随着国家、人民对环境问题的日益重视，相关的研究需要进一步系统和深入。

参考文献

陈建平，范立民，杜江丽，等.陕西省矿山地质环境治理现状及变化趋势分析[J].中国煤炭地质，2014，26(9)：54－56，64.

陈文韬，徐红娇，张乃明，等．某铜矿尾矿库对周围环境影响污染评价研究[J]．环境科学导刊，2015，(2)：96－101．

黄兴星，朱先芳，唐磊，等．北京市密云水库上游金铁矿区土壤重金属污染特征及对比研究[J]．环境科学学报，2012，32(6)：1520－1528．

姜素，崔龙玉，陆华，等．某铁矿尾矿库对周边浅层地下水的影响分析[J]．能源技术与管理，2016(2)：11－14．

蒋经乾，李玲，占凌之，等．某尾矿库周边水放射性分布特征及其评价[J]．有色金属：冶炼部分，2015，(11)：60－63．

李永红，范立民，贺卫中，等．对如何做好地质灾害详细调查工作的探讨[J]．灾害学，2016，31(1)：102－112．

宋凤敏，张兴昌，王彦民，等．汉江上游铁矿尾矿库区土壤重金属污染分析[J]．农业环境科学学报，2015(9)：1707－1714．

王友保，张莉，沈章军，等．铜尾矿库区土壤与植物中重金属形态分析[J]．应用生态学报，2005，16(12)：2418－2422．

韦薇，张银龙．基于“源-汇”景观调控理论的水源地面源污染控制途径——以天津市蓟县于桥水库水源区保护规划为例[J]．中国园林，2011，27(2)：71－77．

熊报国．矿山废水处理的研究与应用[J]．环境与开发，1999(4)：37－40．

张晓文．铀矿冶的废渣污染及其治理[J]．铀矿冶，1994，13(4)：223－227．

张正海，方向京，孟广涛，等．矿区废弃地面源污染控制体系研究初探——以个旧锡矿区为例[J]．安徽农业科学，2010，38(16)：8622－8623．

金矿尾矿库地质灾害的防治与环境保护

冯小娟[1,2]，高　文[1,2]，刘美美[1,2]，李　浩[1,2]

（1.陕西省矿产资源勘查与综合利用重点实验室，陕西 西安 710054；
2.国土资源部西安矿产资源监督检测中心，陕西 西安 710054）

摘　要：随着城市化进程的迅速发展和人类生活水平的快速提高，黄金矿山的开发开采给人类社会带来了极大的财富，同时也产生了大量的矿山废物——尾矿，环境问题也由此产生，最突出的环境污染问题就是尾矿浆氰化物污染，所以一旦发生金矿尾矿库地质灾害问题，将会带来土地资源、水环境、生态环境等相关的环境污染破坏，因此，文章针对金矿尾矿库中废矿浆主要污染物之一——氰化物，其对环境的污染以及采取不同的处理方法使其达标排放展开了论述，最终总结得出，尾矿库是矿山开发中重要组成部分，合理开发、设计、利用金矿尾矿库，不仅能够科学有效地预防尾矿浆对环境污染，还可以防患于未然因地质灾害引发的一系列环境问题，从而更好地服务于人类，造福于后代。

关键词：金矿尾矿；资源环境污染；氰化物处理；环境保护

1　金矿尾矿相关简介

据中国黄金协会最新统计数据显示，2015 年我国生产黄金 450.053t，与 2014 年同期相比，黄金产量减少 1.746t，同比下降 0.39%，首次出现负增长，但仍是全球最大黄金生产国，世界排名九连冠。中国早在公元前 4000 年，就开始黄金的生产活动。新中国成立后，我国的黄金生产技术取得了长足的进步，20 世纪 50 年代多采用重选法，60 年代主要采用混汞、浮选法，70 年代多采用全泥氰化法，80 年代至今主要采用和推广氰化炭浆(CIP)法、炭浸(CIL)法。据不完全统计，当前采用氰化法生产黄金的产量，占全国黄金总产量的 60%以上。

金矿的开采一方面给社会带来了可观的经济效益，另一方面势必会导致地质环境问题，总之矿业开发引起的环境问题已成为了全球十大环境问题之一。其中尾矿库是维持矿山正常生产的最大的环境保护工程项目，具有保护环境、充分利用水资源、保护矿产资源等多重效益，对于加强尾矿水的自然净化循环利用及径流调节、防治尾矿流失都有不可替代的作用，同时尾矿库是矿山企业最大的危险源，受各种自然(雨水、地震、鼠洞等)和人为(管理不善、工农关系不协调等)不利因素时时刻刻或周期性地威胁，导致尾矿库溃坝、滑坡、泥石流、浪涌或者洪水漫顶、渗漏、管涌、地震液化、陷落等地质灾害，其中，坝体渗漏造成的事故比例最大，其次是滑坡和地震，尾矿库的地质灾害事故往往是多种原因共同作用的结果。尾矿库一旦发生地质灾害事故，将会给工农业生产、下游人民财产和环境造成巨大的灾害和极大的损失，因此对金矿尾矿库地质灾害的防护与环境保护的深入研究具有十分重要的意义。

2　金矿尾矿库地质灾害引发的环境问题

在金矿开采中，尾矿库是矿山开发中重要组成部分，我国的金矿尾矿库存在一些环境问题和隐患，

作者简介：冯小娟(1987—)，陕西韩城人，助理工程师，主要从事饮用水水质检测方面的工作。E-mail：fxjsy0126@163.com

很多尾矿库无证运行，没有经过设计单位、安全评价以及环境影响评价机构的安全生产评价许可，安全度处于较低水平，存在很大的潜在危险，是一个十分复杂的人工-自然系统。

一旦发生地质灾害事故，不仅会严重破坏土地资源的自然生态环境，破坏自然景观，而且其尾矿中成分复杂，尾矿排放后多呈尾矿浆，大约20%为固体物质，80%以上是水。含有各种浸提金的化学药剂、重金属等污染物，其中重金属在环境中很难降解，并且在动植物和人体内易蓄积，通过食物链逐级积累，最后进入人体的浓度最高，危害人类身体健康。特别是尾矿浆中氰化物危害尤为严重(表1)，渗入基础土层进入地下水或者流向水源，在短时间内很容易造成地表水长期大面积污染，导致地下水质量逐年降低，从而使水污染治理在很长时间内受到影响，无法恢复到原来的状态，这样势必会对尾矿库周围的居民生产、生活及下游水体造成严重威胁。

表1 氢氰酸的毒性和危害程度

染毒浓度($mg \cdot m^{-3}$)	毒性及危害程度
5～20	少数人感到头痛、头晕
20～40	头痛、恶心、呕吐、心悸
50～60	能耐受30～60min，无后遗症
120～150	有生命危险，一般在1h内死亡
150	吸入30min，可致死
200	吸入10min，可致死
300	立即死亡

3 金矿尾矿库含氰废水浆的处理

随着社会的发展和时代的进步，人们对金矿尾矿浆的治理提出了更高的要求，对氰化物在环境中迁移、转化、降解的机理有了更为深刻的研究，为解决这一重大环境问题，做了大量的实验研究，提出了一些科学可行的处理处置方法，包括有碱式氯化法、酸化法、自然净化法、SO_2-空气法、活性炭吸附法、过氧化氢法、离子交换法、臭氧氧化法、电解法、加压水解法、电离法、生物法、焚烧法等，表2介绍了几种常见的针对尾矿库废浆中氰化物处理方法，使其满足环境需求，达标排放。

表2 尾矿库废浆中氰化物处理方法

方法	方法简介	反应原理	工艺特点
碱式氯化法	该方法利用次氯酸根的氧化作用，先将氰化物氧化为低毒的氰酸盐，当加入的次氯酸根量不断增加时，将其氧化为无毒的氮气和盐类	$NaCN + Ca(ClO)_2 + H_2O = 2CO_2\uparrow + N_2\uparrow + Ca(OH)_2 + Ca(Cl)_2 + NaCl$	碱性氯化法简捷、快速、安全、经济，易于掌握，治理效果好。用碱性氯化法处理金矿尾矿库的含氰废水是较常用的方法
臭氧氧化法	该方法利用空气或氧气在高压高频电荷通过电晕放电产生的臭氧，在碱性pH=11～12下，使氰化物、硫氰酸盐氧化，生成HCO_3^-和氮气	$CN^- + O_3 = CNO^- + O_2\uparrow$ $2CNO^- + 3O_3 + 2H_2O = N_2\uparrow + 2HCO_3^- + 3O_2\uparrow$	该方法突出特点在整个过程中不增加其他污染物，工艺简单、方便，污泥量小，而且因增加水中溶解氧而使出水不易发臭。但缺点就是不能除去铁氰化物、亚铁氰化物，成本极其昂贵，耗电高，臭氧发生器设备复杂、维修困难

续表 2

方法	方法简介	反应原理	工艺特点
酸化法	该方法利用 HCN 沸点低、易挥发的特点，借助空气吹脱作用，使吹脱的 HCN 被 NaOH 溶液吸收，循环再利用	$2CN^- + H_2SO_4 = SO_4^{2-} + 2HCN\uparrow$ $HCN + NaOH = NaCN + H_2O$/ $2HCN + Ca(OH)_2 = Ca(CN)_2 + 2H_2O$	该方法处理含氰废水中的氰化物，药剂来源广，价格低，效果甚好，NaCN 的再生率也很高，但是由于 HCN 剧毒、易挥发，因此使用该方法应加强操作人员的安全防护，建立一个发生与吸收形成气体闭路循环的操作车间，并定期监测周围环境 HCN 气体的浓度，同时经酸化回收处理的废水一般还需二次处理才可达标
自然降解法	该方法利用稀释、生物降解、氧化、挥发、吸收沉淀及阳光曝晒分解等自然发生的物理、化学作用，使氰化物分解，重金属离子沉淀，含氰废水得到净化	$Ct = Co \cdot e^{-kt}$ Ct——t 时刻废水中的氰化物体积质量(mg/L)；Co——废水中氰化物起始体积质量(mg/L)；k——特定温度下废水中氰化物不降解系数，一般为常数(1/h)；t——降解时间	该方法投资少，运行费用低，但是需慎重，需加强安全和防护措施，严防含氰废水渗漏和跑水
离子交换法	该方法是利用阴离子交换树脂(R_2SO_4)吸附废水中以阴离子形式存在的各种氰化物	$R_2SO_4 + 2CN^- = 2R(CN)_2 + SO_4^{2-}$ $R_2SO_4 + 2SCN = 2RSCN$ $2R_2SO_4 + Fe(CN)_6^{4-} = R_4Fe(CN)_6 + 2SO_4^{2-}$	该方法不需要调节酸碱度，能很好地去除游离氰、金属络合物以及其他方法难以去除的铁氰络合物、硫氰酸盐，但是各种树脂相对比较昂贵，操作相对比较复杂，该法还处在实验室以及半工业中
SO_2-空气氧化法	该方法利用 SO_2 与空气的混合物作为氧化剂，Cu^{2+} 为催化剂，在 pH=8～10 的条件下将其氧化为氰化物，生成 HCO_3^-、NH_4^+	$CN^- + SO_2 + O_2 + H_2O = CNO^- + H_2SO_4$ $CNO^- + 2H_2O = CO_2 + NH_3 + OH^-$	该方法工艺操作简单，投资少，药剂来源广、消耗低，不仅可以很好地去除氰化物，而且可使水中的重金属离子浓度极大地降低，这是其他方法所不能及的。但是不能去除水中的 SCN^-，电耗高，也不能回收废水中的贵金属，反应过程中的酸碱度要求比较严格

4 总 结

根据《危险废物鉴别标准》(GB 5085.3—2007)氰化物排放限值，对其尾矿浆固体废物的毒性浸出实验，使尾矿浆脱氰处理后氰化物(以 CN^- 计)满足浸出液中危害成分≤5mg/L 的浓度限制。

我国金矿尾矿库还存在安全现状和环境问题，结合尾矿库的地形地貌以及环境污染特点，建立相应的环境保护体系，满足尾矿库污染物治理及相应的环境保护标准，发展中国的矿山经济，改善矿山环境，使我国矿山企业有更好的发展，造福人类的同时也保护人类赖以生存的环境。

参考文献

陈建平，范立民，李成，等. 秦巴山区矿产资源开采区地质灾害致灾模式研究[J]. 灾害学，2016，31(3)：

110－113.

陈永贵，张可能．中国矿山固体废物综合治理现状与对策[J]．资源环境与工程，2005，19(4)：311－313.

范立民，李成，陈建平，等．矿产资源高强度开采区地质灾害与防治技术[M]．北京：科学出版社，2016.

刘江浩．德兴铜矿二段尾矿澄清水回收利用新工艺[J]．有色金属：选矿部分，2000(3)：39－41.

王长友，祁金山．臭氧氧化法处理金矿氰化废水的试验研究[J]．2004，8(33)：446－447.

王仙琴．尾矿库环境因素与防治措施[J]．中国铝业，2002，24(1)：42－45.

杨振喜．山西铝厂污水资源化问题的探讨[J]．给水排水，1997，23(10)：34－36.

曾理，吴永贵，苏连文，等．金矿尾矿废水及废渣浸出液的理化特征及生物毒性效应[J]．贵州农业科技，2010，38(5)：227－229.

张华，张忠辉．浅析四川有色金属矿山的尾矿处置[J]．四川有色金属，2000(1)：49－53.

Hudson－Edwards K A, Macklin M G, Miller J R, et al. Sources, distribution and storage of heavy metals in the Rio Pilcomayo[J]. Bolivia journal of Geochemical Exploration, 2001, 72(3): 229－250.

我国尾矿库溃坝原因及防治措施

武俊杰[1,2]，孙 阳[1,2]，刘 强[1,2]

（1.陕西省地质矿产实验研究所，陕西 西安 710054；
2.陕西省矿产资源勘查与综合利用重点实验室，陕西 西安 710054）

摘 要：我国是一个矿山大国，尾矿库数量众多，尾矿库是一个具有高势能的人造泥石流危险源，存在溃坝危险，在国际灾害事故排名中位列第18位，我国尾矿库重特大溃坝事故时有发生，安全形势不容乐观。本文通过分析我国尾矿库的不安全因素及典型尾矿库溃坝事故的原因，从设计、施工、管理、监管、技术等方面提出应对我国尾矿库事故相应的防治措施。

关键词：尾矿库；不安全因素；溃坝原因；防治措施

0 引 言

中国是一个成矿地质条件优越、矿种齐全丰富、极具自我特色的矿产资源大国。截至2014年前后，我国至少有10多万座矿山，约有12 000座比较规模化的尾矿库，其中危库、险库、病库多达2300座左右。一方面，尾矿库是一个具有高势能的人造泥石流危险源，存在溃坝危险，在国际灾害事故中排名第18位，一旦事故发生，具有巨大破坏力的泥石流将涌向下游区域，必然会对人民的生命和财产造成巨大的危害。

因此，分析和控制尾矿库的不安全因素一直是矿山地质灾害防治与管理研究的重要任务之一。

1 我国尾矿库的不安全因素

尾矿库是由筑坝拦截谷口或围地构成的，用以固定堆放矿山选别后排出的尾矿或其他工业废渣的场地，是矿山三大控制性工程之一。

尾矿相关设施是矿山生产设施的重要组成部分，投资较大，一般约占矿山建设总投资的5%～10%。其中尾矿库是尾矿设施的主要部分，包括库区、尾矿坝、排洪构筑物和坝体内的观测设备等。尾矿坝是贮存尾矿和水的尾矿库外围坝体构筑物，一般指初期坝和堆积坝。

通过对我国尾矿库总体情况的调研以及大量尾矿库事故案例的总结和分析，从安全的角度来看，我国尾矿库有以下几个特点。

1.1 筑坝尾矿粒度细

我国的矿石品位普遍较低，为了充分利用矿产资源，部分矿企对一些品位低的矿石同样进行开发。所以为了保证选矿指标，磨矿粒度往往很细，产出的尾矿不但量大而且粒度普遍较细。这对筑坝影响较大。由于细尾矿的力学强度低、透水性差、不宜固结，造成了坝体稳定较差。

作者简介：武俊杰(1984—)，男，甘肃天水人，工程师，主要从事矿产资源综合利用。E-mail：starwjj555@126.com

1.2　上游法筑坝多

上游法筑坝比下游法和中线法筑坝在尾矿坝筑坝方法中的坝体稳定性更差。而我国95%以上的尾矿库都采用了上游法筑坝，其原因是上游法筑坝的工艺简单、管理便捷、适用性好。但是此方法筑坝的坝体沉积密度往往偏低，浸润线偏高，渗流控制困难。

1.3　我国尾矿库安全设计标准较低

由于我国尾矿库技术水平相对落后，尾矿库防洪、抗震及坝体稳定性等建设标准与发达国家相比差距较大。

1.4　我国尾矿库小型库居多

尾矿库安全度主要是根据尾矿库防洪能力和尾矿坝坝体稳定性确定，以此分为危库、险库、病库、正常库4级。我国小规模尾矿库数量多，现役尾矿库属于二级或二级以上的数量少，大部分为三级以下小型库，这部分尾矿库的安全隐患较大。

1.5　受地震威胁大

我国是多地震国家，尾矿库防震抗震是个不可忽视的问题。由于我国人口基数大，尾矿库避开居民区、工业区等区域难度大。近些年来，四川、青海等地因地震导致尾矿库溃坝的地质灾害时有发生。

1.6　设计不合理、施工质量不过关

全国大部分尾矿库没有经过有资质的设计单位进行设计及审查。尤其中小型的民营矿山尾矿库往往未经正规设计，难以符合规范及要求，设计缺乏对矿山未来开采情况、产生的尾矿量的精确估算。因此，一旦需要进行改扩建等工程时，较难保证安全运行。

另外，很多尾矿库事故都是因为施工质量不过关、工程不达标导致，给工程留下安全隐患。

1.7　尾矿库技术、管理人员缺乏

大多数尾矿库缺乏规范的尾矿库技术系统，一旦事故发生，应急预案跟不上。另外，尾矿库运行期间缺少安全评价体系，相应的管理及技术人员重视不够。开展了安全评价的部分尾矿库也存在着不能完全满足尾矿库安全评价要求的现象。

2　我国尾矿库的溃坝原因分析

尾矿坝引发的各类灾害在国内外时有发生，其中溃坝造成的生命伤亡和环境污染最为严重。

我国尾矿库溃坝的原因主要有以下5种。

2.1　雨水造成的尾矿库坝顶满溢

据资料不完全统计，洪水漫顶导致的尾矿库溃坝约占尾矿库溃坝总事故数的50%。其主要原因是库区汇水面积大、库容小，库区设置的排水斜槽排水能力小，有效排洪设施效果不明显。对当地气象不了解，库区蓄水位太高，没有设置专人管理和巡查。尾矿库漫坝事故发生时，尾矿砂一般立即呈液化趋势，使尾矿坝的缺口快速变大，大量尾矿泥沿山谷中低势区域倾泻，其危害程度远高于水库的溃坝，大量泥石流必然会造成下游居民的生命财产和周边环境的巨大危害。

2.1.1　突发事件

云锡郴州矿业是典型的露天机械化开采，地质条件较为复杂，其屋场坪锡矿尾矿库所处位置恰好在郴州市北湖区芙蓉乡屋场坪村境内，属三等尾矿库。该尾矿库是云锡进驻后开始于2005年设计并建

造，海拔高度为 550m，库容设计 $309\times10^4m^3$，坝体高度为 65m，排洪道设计在库区左右两侧，排水竖井设计在尾矿库中心位置，尾矿坝上选厂按阶梯级建造，选厂产生的尾矿水直接排入尾矿库。

2015 年 11 月 16 日晚，屋场坪锡矿尾矿库因连日的持续强降雨导致山洪暴发，致使尾矿库排水竖井上部塌陷，库内积水及部分尾矿从排洪涵洞下泄，致使排洪出口处的杨家河两岸居民 4 人失联。

2.1.2 事故过程及原因分析

据气象部门监测，2015 年 11 月 11—16 日当地持续降雨量累计达 334.4mm，其中仅 16 日降雨量高达 127.4mm，强降雨导致的山洪一方面直泄尾矿库，另一方面从采矿区顺流而下造成山体滑坡，大量的泥土直接将排洪沟阻塞(图 1 中所示 A 处)，致使洪水无法正常排泄而直接涌进尾砂库，冲毁了竖井的上部(图 1 中所示 B 处)，尾砂库中大量的尾矿、尾矿水及夹杂的泥石直冲而下，冲破坝底排洪涵洞(图 1 中所示 C 处)，形成的巨大冲击力对坝体下方的工区楼房、桥梁、民房等造成了巨大破坏，含有尾砂的泥水一直顺流而下，在河谷中蔓延长达 3km 多，直接冲毁了去往临武的乡级公路，并造成 4 人失联。

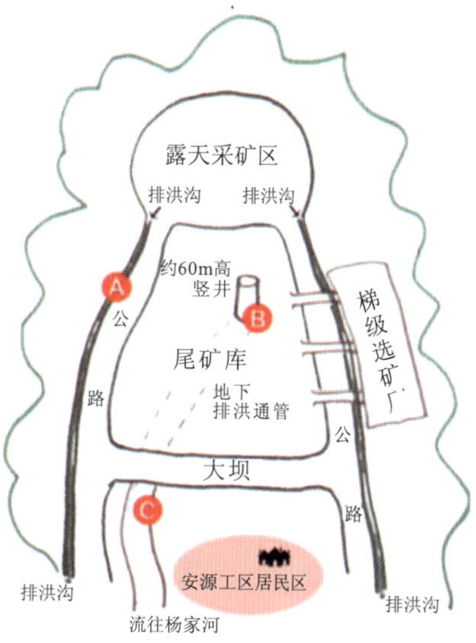

图 1 屋场坪锡矿尾矿库俯视图

本次事故的直接原因是排洪系统出现堵塞溢流使竖井坍塌所致。根本原因是尾矿库没有预警系统、专业人员进行巡查和相应的应急方案。

2.2 水力坡降引发尾矿坝溃坝

溃坝的根本原因是水力坡降引发细粒尾砂的侵蚀和渗漏等导致坝体、坝基或坝肩的稳定性变差。在这种情况下，尾矿库水位不断升高，而水对土壤的渗透破坏力增强，改变了坝的坡度。在没有下雨情况下，也极易引发坍塌事故。一旦溃坝，将直接导致泥石流灾难。决定泥石流破坏力的主要因素是水量、堆积矿渣量和山体地形高度。

2.2.1 突发事件

塔山铁矿尾矿库隶属于新塔矿业有限公司，位于山西省临汾市襄汾县陶寺乡的一条山沟上游，尾矿库于 20 世纪 80 年代开建，设计库容量为 $30\times10^4m^3$，坝高 50m 左右，1992 年被封闭。闭库过程中先后采取碎石充填、坝顶覆盖黄土、绿化植树、库区上方建设排洪明渠等处理措施。

2008 年 9 月 8 日 7 时 58 分，塔山铁矿尾矿库发生溃坝事故，下泄的尾砂量高达 $19\times10^4m^3$，淹没周边及下游区域面积达 $35.9hm^2$，共造成 277 人死亡、4 人失踪、33 人受伤，直接经济损失达 9619.2 万元。

2.2.2 事故原因分析

发生溃坝的尾矿库早在 20 世纪五六十年代就已经建成，在事故发生的多年前坝体就已积满泥沙。2008 年 9 月 7—8 日，尾矿库所在襄汾县降水量仅为 1.5mm，气象学界定 10mm 降水量为小雨。而且在此前的 9 天里，襄汾县境内未有降雨。因此，此次事故为“责任事故”。

塔山铁矿尾矿库溃坝的根本原因是坝体超高、尾矿库超期使用。人为原因是新塔矿业公司未经允许私自在旧库上挖库排尾，长期人为将矿下抽出来的水返回尾矿库，导致尾矿库水位不断升高，水对土壤的渗透破坏力不断增强，改变了坝的坡度，致使坝体失稳，从而引发泥石流灾难。决定泥石流破坏力的主要因素是水量、堆积矿渣量和山体地形高度。

2.3 坝基失稳引发的溃坝

尾矿库的稳定性主要指坝体的稳定性和天然边坡的稳定性。自然边坡的破坏方式主要有崩塌、滑坡和滑塌等几种类型，另外，尾矿坝坝坡还可能发生塌陷、渗漏及管涌溃堤、渗流冲刷破坏尾矿堆石坝等事故。

2.3.1　突发事件

镇鸿图选矿厂位于广西南丹县华锡集团铜坑矿区附近，1998 年 8 月开建，1999 年 6 月建成投产。设计选矿能力为 120t/d，但实际日处理量达到 200t/d。尾矿库是利用附近山谷以山谷型上游式修筑。尾矿库基础坝是采用石块砌筑而成的一道不透水坝，坝顶宽 4m，地上部分高 2.2m，埋入地下约 4m。后期坝采用人工集中放矿筑子坝的冲积法筑坝。后期坝总高 9m，坝面水平长度 25.5m。

2000 年 10 月 18 日上午 9 时 50 分，镇鸿图选矿厂尾矿库发生重大垮坝事故，共造成 28 人死亡，56 人受伤，70 间房屋不同程度毁坏，直接经济损失 340 万元，实际服务年限仅为 1.5 年。

2.3.2　事故过程及原因分析

事故发生时，尾矿库后期坝中部底层首先发生垮塌，接着整个后期堆积坝全面发生垮塌，冲出水和尾砂共 14 300m^3，其中水 2700m^3，尾砂 11 600m^3，库内留存尾砂 13 100m^3。尾砂和库内积水直接冲击到坝首正前方的山坡后反弹回来，沿坝侧 20m 宽的山谷下游顺势冲去，冲至离坝首约 700m 处，绝大部分尾矿砂停留在坝首下方 30m 的范围内。

事故的直接原因是基础坝透水性差，在基础坝与后期堆积坝之间形成的滑动面的抗剪能力较低。间接原因是尾矿库人为蓄水过多，导致干滩长度不够，坝内尾砂含水饱和、大面积液化，坝体始终处于浸泡状态而得不到固结，坝体最终因承受不住巨大压力而沿基础坝与后期堆积坝之间的滑动面垮塌。人为原因是选矿厂尾矿库没有进行正规的设计和专家评审，以依大厂矿区其他尾矿库为模式仿建。

2.4　地震液化引发的溃坝

尾矿坝的堆筑材料相对较为疏松，尾矿坝坝体浸润面以下的为饱和砂，强烈的地震作用会导致尾矿砂发生振动而液化，液化往往从局部发生，局部液化产生应力和变形的交换，降低了尾矿材料的强度，造成尾矿坝失稳，尾矿坝的破坏形式表现为流滑。尾矿坝遭受地震破坏的坝坡大都在 30°～40°之间。

1965 年智利和 1978 年日本的地震造成了很多上游筑坝的尾矿库发生液化垮坝，给当地造成巨大损失，此后，很多学者认为上游法尾矿坝抗震性能不高，地震活动的地区不宜采用上游筑坝法。但是我国在 1975 年海城大地震和 1976 年唐山大地震中，东北、华北地区十几座大型尾矿坝都经受住了强烈地震袭击，这种现象引起了国内外学者的广泛关注。

位于唐山市东北方向 50km 处的孟家冲的大石河尾矿坝是一座典型的上游法尾矿坝。初期坝高 14m、长 338m，坝基 10m。大石河尾矿坝开建于 1960 年。1976 年唐山地震时，尾矿坝已堆积九级子坝，坝体总高达 37m，在当时地震时发生了明显的地震灾害，尾矿坝在沉积滩、水池较大范围内发生了液化，液化最大深度为浸润线下 14m，在坝顶区振动产生的最大超孔压仅为其上覆有效应力的 40%。在下游坡和沉积滩上，出现了水平拉应力，导致地震裂缝的产生。在沉积滩液化区，高空隙水压梯度和拉应力的出现，导致产生张性裂缝、喷水冒砂。

大石河尾矿坝未发生较大溃坝等地质灾害，近年来很多学者都对该现象进行了大量、多方向的分析研究。

但是，我国近些年来地震频发，如何避免地震液化引发尾矿库溃坝仍然是一个十分严峻的课题。

3　我国尾矿库安全防治措施

通过对我国尾矿库总体情况的调研以及大量尾矿库事故案例的总结和分析，针对当前我国尾矿库不容乐观的安全形势，应进一步加强尾矿库安全监管工作，以确保人民群众的生命和财产安全。

3.1　认真进行尾矿库设计

设计是尾矿库安全、经济运行的前提。在设计过程中应坚持设计程序。切实做好基础资料的收集和勘察，根据国家尾矿库的设计标准开展工程技术管理，进行必要的库址、坝基勘察与工程实验。尾矿库的设计必须充分考虑降雨量、降雨频率、汇水面积、异常气候等因素，保证足够的安全超高、沉积干滩长度和下游坝面坡度，合理设置排洪设施排洪能力。

3.2 施工阶段严把质量关

尾矿库施工质量的好坏直接关系到国家财产和人民生命安全。为了确保工程质量，施工单位应进行施工前的详细会审、建立健全质量管理和保证体系。把质量管理贯穿在工程建设和竣工验收全过程的每个阶段。

3.3 尾矿库管理要科学

在尾矿库的管理工作中，应针对尾矿库自身特点进行科学管理。尾矿库的坝体结构是在运行期间形成，坝的稳定性在运行期间较低，需认真监视和控制；尾矿坝要承受各种自然因素的袭击，需要认真的对待和治理。放矿、筑坝、防汛、防渗、防震、维护、修理检查、观测等各项工作都要在运行期间进行，必须有一套科学的管理制度，以及与之相适应的组织机构和人员。

3.4 加大政府监管力度

近些年我国发生的尾矿库事故多与相关责任部门监管不到位、企业违法违规生产有关系。由于尾矿库的特殊性和复杂性，为确保其安全运行，必须通过定期或不定期的安全检查对其运行状态进行监测。另外，落实尾矿库安全分级监管责任和建立健全尾矿库安全生产责任制对尾矿库的安全运行尤为重要。

3.5 提高尾矿技术水平

技术落后是尾矿库不能安全运行的重要原因之一。我国尾矿技术是一种综合性的技术，也是新发展起来的边缘学科，无论其基础理论还是实用技术，认识和掌握的都不够全面和系统。因此必须加强尾矿坝稳定性、抗震性、排洪系统、预警和检测机制方面的科学研究，研究新理论和新工艺，开发新材料、研制新的设备和仪器，提高建库和管理水平。

3.6 建立及完善自动化监控预警系统

当尾矿库的排洪设施出现倾斜、沉陷断裂和裂缝时，要及时加固和修复。另外，及时检查、疏通堵塞的排洪设施或新建排洪设施也至关重要。

我国大部分尾矿库目前尚未建立自动化监控预警系统，只能靠人工巡检和人工携带仪器设备到现场实地测量得到相关数据，其工作往往会受地区天气、地形、现场条件等诸多因素的限制，影响尾矿库的安全生产。

国内许多学者开始研究将计算机、电子通信等技术结合起来，应用于尾矿坝安全监测和管理中，这是尾矿坝安全管理研究的发展态势。但是，当前尾矿坝安全监测技术以硬件研究为主，软件开发及系统的集成度相对较低。

另外，尾矿坝安全标准也不够完善，对尾矿坝稳定性分析指标还需进一步深入研究。

4 结 论

(1)通过对典型尾矿库事故的分析将我国尾矿库溃坝的原因进行了梳理，说明我国尾矿库容易溃坝的方式。

(2)针对我国尾矿库的特点和实际存在的问题，提出了相应的对策措施防范尾矿库事故的发生。

(3)由于尾矿技术是一种综合性的技术，尾矿库的安全生产运行以及管理是个复杂的系统工程，只有在尾矿库设计、建设、运行、闭库以及闭库后再利用全过程中，认真贯彻“安全第一，预防为主，综合治理”的方针，严格遵照国家法律法规和标准规范等要求开展各项工作才能有效避免尾矿库事故的发生。

参考文献

陈国芳，胡波. 尾矿库溃坝风险分析及对策[J]. 科技情报开发与经济，2008(3)：227－228.

陈建平，范立民，杜江丽，等. 陕西省矿山地质环境治理现状及变化趋势分析[J]. 中国煤炭地质，2014，26(9)：54－56，64.

陈建平，李成，杜江丽，等. 秦巴山区矿产资源开采区地质灾害发育机理研究[C]//秦巴山区地质灾害与防治学术研讨会论文集. 武汉：中国地质大学出版社，2016：74－79.

陈星，朱远乐，肖雄，等. 尾矿坝溃坝对下游淹没和撞击的研究[J]. 金属矿山，2014，462(12)：188－192.

李成，陈建平，杜江丽，等. 石灰岩开采区硬岩边坡复绿技术及其适用性[J]. 中国地质灾害与防治学报，2016，27(2)：149－153.

林玉山，张卫. 尾矿库地质灾害与危险性评估[J]. 桂林工学院学报，2006，26(4)：486－490.

马敏，王海亮，丁慧哲. 小型尾矿坝风险分析[J]. 安全与环境学报(增刊)，2006(6)：140－143.

杨进友. 浅析矿山地质灾害的类型及防治措施[J]. 能源与节能，2011(10)：54－55.

殷宪太，欧孝夺，侯福昌，等. 尾矿库溃坝危险性评价方法探讨——以武宣县三里振祈锰矿尾矿库为例[J]. 山东科技大学：自然科学版，2011，30(2)：25－29.

张兴凯，王启明，相桂生. 金属非金属尾矿库安全现状及分析[J]. 中国安全生产科学技术，2006，2(2)：60－62.

郑欣，秦华礼，许开立. 导致尾矿溃坝的因素分析[J]. 中国安全生产科学技术，2008，4(1)：51－54.

地质环境中有益元素的生物地球化学研究

韩张雄[1,2]，崔长征[1,2]，倪天阳[1,2]，李慧慧[1,2]，宋　琼[1,2]，雷　腾[1,2]

（1.陕西省矿产资源勘查与综合利用重点实验室，陕西 西安 710054；
2.国土资源部西安矿产资源监督检测中心，陕西 西安 710054）

摘　要：人类对有益元素的关注主要是源于人体健康和地方病的研究。随着人们物质生活的提高，对健康的要求日益增加，有益元素的生物地球化学循环逐渐被广泛研究，主要包括钙、铁、锌、硒、锰、硅等。这些元素通过土壤进入食物链，进而影响人类健康，因此，土壤有益元素对人体及其在生态环境中生物地球化学循环过程已成为近年来国内外环境领域研究的热点。本文对动植物必需的有益元素钙、铁、锌、硒、碘的研究进展进行了综述，总结得出，土壤中有益元素的研究不仅仅需要关注其在生物地球化学循环中所起的作用，更应当结合土壤中有益元素与其他元素的作用机制来考虑其生物地球化学行为以及其在循环过程中的作用机理。

关键词：土壤环境；有益元素；生物地球化学循环

生物地球化学是地球化学的一个重要分支。这一术语首先由维尔纳斯基在1902年提出，作为分支学科，生物地球化学在20世纪20年代基本形成，是通过追踪化学元素迁移转化来研究生命与其周围环境的科学。它主要研究由于生物活动而引起的地壳中的元素迁移、转化、富集、分散，以及由此引起生物繁殖、变异、衰减等规律的学科。重点研究生物圈中各种化学物质的来源、存在数量和状态，生物活动的特性，污染物的生物地球化学循环及迁移转化规律，环境中化学物质对生物体和人类健康的影响等问题。它对农业土壤改良、环境污染防治、地方病等方面的研究都有重要意义。

土壤作为农业生产的主要场所，是生物生存和孕育的载体。土壤是覆盖于地球陆地表面呈连续分布的一层疏散的堆积物质，它具有天然肥力和供给植物生长的能力。土壤不仅是一种农业生产资源，而且是地球环境的重要组成要素。环境科学家认为，土壤是重要的环境要素，是具有吸附、分散、中和、降解环境污染物功能的缓冲带和过滤器。随着科学的发展，人们对土壤的认识和理解也在不断的深化与拓展，运用当代土壤圈物质循环的观点对土壤的功能、作用等方面的论述更接近于土壤本质的反映。所以土壤圈是最活跃与最富有生命力的圈层，它与其他圈层间进行着永恒的能量与物质交换，从而形成了土壤的生物地球化学循环。土壤生物地球化学是研究土壤与生物之间元素交换、迁移、富集和相互作用的学科。它主要研究的是土壤中的养分元素、重金属及稀有元素、有机物质的迁移、转化、循环利用，以及它们与土壤水分之间的相互关系。而土壤有益元素的研究主要是从其赋存形态，以及其对动植物以及人体健康的影响方面开展。

1　土壤中钙元素的生物地球化学循环

钙是地壳组成中的重要阳离子，它在地表疏松层和生物圈中是比较活跃的元素之一。钙在土壤中

基金项目：陕西省自然科学基金研究计划项目（2014JM5217）

作者简介：韩张雄（1982—），男，陕西佳县人，工程师，获得陕西省地质学会第六届科技论文二等奖（第一位），第八届优秀成果三等奖（第一位），主要从事土壤化学与植物逆境培育风险评价方面的工作。E-mail：han10260@163.com

比较活跃，也是生物必不可少的营养元素，也是植物细胞信号转导的“第二信使”。因此，钙元素的表生地球化学作用比较强烈，在地表进行重新分配显著。

钙属于碱土金属元素、化学性质活泼，在地球化学分类中钙属于亲石元素，在岩浆岩形成过程中，钙富集于岩浆结晶的早期与中期之间，多以钙、镁亚铁的偏硅酸盐型、钙斜长石、单斜闪石物、榍石、钙镁橄榄石和钙钛矿等形式存在；在沉积岩中，钙主要富集在碳酸盐岩中(石灰岩、泥炭岩、大理岩、白云岩等)，多以方解石($CaCO_3$)矿物形式存在。在风化产物和土壤中多以 $CaCO_3$、$CaSO_4$、Ca_3PO_4 或氧化物存在，碳酸钙化合物是重要的非金属建筑原材料。

地壳中钙元素丰度为 4.1%，全球土壤为 1.5%，在全球成土过程中钙元素的淋失率为 64%，损失率比钾元素高得多，与钠元素接近。我国土壤钙元素丰度为 1.54%，略高于全球土壤丰度。但是钙元素在我国土壤中分布是很不平衡的，在湿润区的土壤中钙元素很易被淋失，甚至在湿润地区的碳酸盐岩的土壤中钙元素丰度都很低，因为 $CaCO_3+H_2O+Ca(HCO_3)_2$ 而随水迁移所致。在干燥地区由于缺水，使 $CaCO_3$ 难于溶解风化，即使形成部分 $Ca(HCO_3)_2$ 也由于水分蒸发强烈，$Ca(HCO_3)_2$ 脱水作用，在土壤中形成次生 $CaCO_3$ 而沉淀，或形成 Ca^{2+} 与 SO_4^{2-} 结合为 $CaSO_4$ 而富集。因此，在土壤中钙元素的丰度及其循环的特点，取决于生物气候条件和土壤的水分状况。

钙是生物必需的常量元素，植被体内细胞壁的重要组成元素，一般植物体内钙比钾的含量低，但比钠、镁高。钙在动物界的吸收量比钾、钠、镁多，尤其在珊瑚和软体动物的甲壳中，高等动物和人体的牙齿和骨骼的组织中，钙都是重要的组织成分，当人体缺钙时，会引起软骨病，早已有记载资料，幼儿尤其突出。

2 土壤中铁元素的生物地球化学循环

在地壳和全球土壤中铁元素丰度都比较高，它是排在氧、硅、铝之后的第四位，但铁元素在生物界的丰度很低，属于微量元素列，在地球化学生态学分类中属于生命元素。铁元素的丰度受环境条件的制约，在不同母岩母质上发育的土壤中铁元素的丰度有差异。

铁元素属于第八副族过渡性的变价元素，一般在深成的火成岩中比浅成岩有较丰富的 Fe^{2+}，基性岩比酸性岩含有较丰富的铁元素，在铁玄武岩、铁辉长岩和钛铁矿、铬铁矿、铁橄榄石、铁辉石等中以铁硅酸盐形式存在；在沉积岩中主要以磁铁矿(FeS_2)形式存在；在风化物和土壤中多以褐铁矿、赤铁矿、针铁矿、钛铁矿、菱铁矿、硫化铁等形式存在，在富氧的土壤环境中呈 Fe_2O_3。在缺氧的土壤环境中多成 FeO、$FeCO_3$ 或 FeS 等形式存在。因此，铁元素在土壤中的地球化学行为及其过程的强度，主要取决于土壤环境中的游离氧和有机质含量、土壤水分状况和 pH 值。

地表中铁元素的丰度为 4.1%，全球土壤中丰度为 4.0%，在我国土壤中丰度只有 2.94%。从全球的成土过程铁元素从母岩到土壤仅下降 2.5%，可见铁是一个较稳定的元素。在我国成土过程铁元素下降 28%，比全球土壤形成过程中铁元素损失大 11.2 倍，这与我国山地丘陵广泛分布而淋溶作用比较强烈有密切关系。

铁是重要工业原料，用途非常广泛，因此，铁元素的工业亲和性很强，在铁矿的开采和冶炼过程的废弃物，往往会引起不同程度的环境污染。铁是生命必需的微量元素，当植物(作物)体内缺乏铁元素时，会影响叶绿素的光合作用功能，降低生产力，如水稻土排灌不当，土壤中产生离铁作用，由于土壤中铁元素大量流失，因缺铁元素水稻生长不正常而降低生产力。在平原谷地水稻土上种柑橘，由于开挖深沟排水，引起土壤中铁元素大量流失，为了使柑橘的生产力保持正常水平，每年需加入含铁量较高的赤红壤或红壤，以补铁元素的自然亏缺。铁蛋白酶和铁钼蛋白酶是最重要的自然固氮酶，显然土壤中缺铁元素，会引起体内缺乏铁元素，易发生贫血症，近代研究说明，肝脏对铁元素具有较大的亲和力，铁是非特异性的致癌物质，铁元素对核酸还原酶的活性起重要作用。

3 土壤中硒元素的生物地球化学循环

硒是分散的稀有元素，自然界中没有单独的硒矿，通常以硒化物的形式作为杂质存在于金属硫化矿中。主要的氧化值有－2、0、＋2、＋4、＋6。土壤中硒的含量及分布特征与土壤成土母质、生物、非生物环境条件等因素有关。它与成土母质、成土过程、土壤质地、土壤有机质含量等土壤理化性质密切相关。目前，对硒元素在土壤中生物地球化学循环的研究，主要从以下几个方面开展：①土壤中硒的形态的研究。单质硒包括3种类型，无定形硒、晶体硒和金属硒。土壤中硒有多重形态，按价态的不同科分为元素态硒、硒化物、硒酸盐、亚硒酸盐、有机态硒化物和挥发态硒等；若按操作定义，即按与土壤组分的结合方式来划分，则包括吸附型、铝型、铁型、钙型，该4种形态用连续分级浸提法可细分为水溶态、交换态、有机结合态、酸溶性铁锰氧化物结合态、硫化物态、硅酸盐结合态(残留态)。②土壤植物系统中硒的迁移转化的研究。植物对硒的吸收与土壤中硒的含量以及硒的形态有着密切的关系，而硒的形态又与土壤环境条件紧密相连。尽管不同植物吸收硒表现不同的差别，但土壤中水溶态的硒是最容易被植物吸收的有效性的硒；硫化物和硅酸盐态的硒最不容易被植物吸收，交换态硒分布在土壤固相最外层，虽然能被吸收但受土壤条件限制；有机态硒主要赋存在土壤腐殖质、胡敏酸和富啡酸中，胡敏酸为高分子有机化合物，结合稳定，其结合态硒难以被植物吸收利用；富啡酸结构比较简单，与其结合的硒容易矿化分解成无机硒和低分子有机硒化合物，因此可以被植物吸收利用。酸溶性铁锰氧化物态硒主要为铁、铝、锰、氧化物及其水合物结合态硒，难以被植物吸收利用。一般来说，硒在土壤与植物系统中的迁移特征可以概括为：a.酸性土壤和富含有机质的土壤中，硒化物和硒-硫化物占优势，这些化合物迁移能力较弱，因此较难被植物吸收利用。b.在排水良好的矿质土壤中，pH值接近于中性，硒主要以亚硒酸盐形式存在，其碱性金属化合物是可溶的，但亚硒酸铁是不溶的；此外，亚硒酸盐容易被铁的氢氧化物和氧化物固定，因此仅有少量的硒被植物吸收利用。c.在碱性和氧化条件下的土壤，硒酸盐含量高，易于溶解且不容易被含铁氧化物固定，因此易于被植物吸收。③土壤中硒的健康效应的研究。动物和人对硒的反映比较敏感，可分为高硒性反映和低硒性反映以及因硒过剩或不足引起的各种地方性疾病。人和动物硒中毒有多种影响，可引起生殖力下降、高畸胎率。高硒有致突变作用，导致癌症发生。儿童硒中毒可以使中枢神经和消化系统功能紊乱，引起贫血等疾病。对于低硒反映，动物较人更为敏感，在动物低硒反应中，以白肌病的分布最广，危害最大，人类与低硒有关的疾病包括循环系统的心血管疾病、克山病；消化系统的胃癌、肝癌、胰腺癌等；造血系统的溶血性贫血、白血病等。土壤中高硒与低硒与食品中硒的含量有十分密切的关系，因而通过调节土壤-植物系统中硒的含量和有效性将有助于减少疾病的危害。

4 土壤中锌的生物地球化学循环

锌是一种微带蓝色的白色金属，在自然界中它能与很多元素如铅、铜、镉等形成共生矿物，是生物体的必需元素之一。人们对锌元素的认知相对较早，但近代科学研究才发现锌元素是植物、动物和人体必需的微量元素。土壤中的锌元素主要来源于各种地壳物质。所以土壤锌的有效性主要取决于土壤本身的性质如酸碱性及各类土壤吸附和固定锌的能力。已有的研究成果显示，土壤剖面的总锌有大致均一的分布，随深度的增加而递减，它常富集于土壤表层。土壤是锌元素自然循环的中心环节，是固结态锌与自由态锌相互转化的纽带，是提供生物和人类营养的源泉。在这个过程中，生物起着催化剂的作用，加速了锌元素在自然界中循环的速度。目前，关于锌的研究，主要从以下几方面开展。①锌元素在土壤中的赋存形态与其迁移转化的研究。锌元素以各种形态存在于土壤中，许多研究者对锌元素在土壤中存在形态进行了分类，分类基础是依据锌的结合方式，以及与此相应的不同提取剂所能够提取的组分。其中较为普遍的分类方法是将土壤中的锌分为5种形态，即水溶态，交换态，有机态，闭蓄态及残留态。土壤中的锌元素在土壤母质、pH值、Eh值、CEC、土壤黏粒、生物、温度等条件的影响下，在5种形态间相互转化，造成锌元素的化学形态在土壤与生物环境中循环往返，在土壤中由上层淋溶至下层，再由生物作用聚集于表层，这是锌元素土壤化学过程中的永久主题。②土壤中锌元素的异常及其对生物环境的影响。所谓的土壤中锌元素的异常区是指当土壤中锌元素含量远远高于或低于自然土壤中锌元素背景值的正常范围值时的土壤环境。正常土壤锌含量一般不会引起生物出现缺锌或锌中毒现象。但在异常区常常会因为锌元素的缺失或过量而导致生物体受损。有时虽然土壤中锌元素总量很高，但也会出现生物缺锌症状，这说明土壤元素的含量不能作为评价土壤元素供给状况的指标，因为作物在土壤中只能吸收有效态的元素。缺锌会造成生长在土壤上的生物出现缺锌症状，而锌中毒则同样会使农作物减产，从而影响到人类。

5 土壤中碘的生物地球化学循环

碘是人类发现的第二个必需微量元素，它在生物体内的唯一功能是参与合成甲状腺素。甲状腺素所有的生物学作用，包括促进蛋白质的合成、活化100多种酶、调节能量的转换、加速生长发育、维持中枢神经系统的结构、保持正常的精神状态、身体形态及新陈代谢等重要机能，均与碘有直接关系。人体缺碘可能导致一系列生化紊乱及生理功能异常，最常见的为地方性甲状腺肿，它是长期中度碘缺乏引起的以甲状腺组织增生为主的慢性地方病。胎儿及幼儿期严重缺碘会引起以中枢神经系统损害、甲状腺功能低下及生长发育停滞为主的地方性克汀病（呆小症）。至今，世界上缺碘及地方性甲状腺肿的防治未收到满意的结果。因此碘作为动植物的必需元素，对其研究具有重大意义。

世界各地土壤中碘的含量范围变化较大，常见的含量范围为0.7～25mg/kg，平均含量为1～5mg/kg。由于碘化合物均易溶，因而岩石中大部分碘通过风化作用而释放出来。风化岩中碘含量与原岩的性质有关，不同岩石风化壳中具有不同的碘含量。在岩石风化时，碘还可通过大气降水、有机质吸附、生物吸收等作用返回风化壳。这些作用一般发生在风化壳表层土壤中。通常，土壤中的碘含量均高于成土母岩。据研究碘在花岗岩中含量为0.5mg/kg，其上的土壤中为5mg/kg，植物为50mg/kg。土壤可从大气中直接吸收碘而将其固定。来自海洋上空的气态碘经大气降水返回土壤是土壤碘的主要来源，另外火山喷发对土壤碘的富集也起一定作用。

作为生物元素，碘在自然界的循环与生物过程紧密联系，植物能显著地富集碘。尽管植物摄取碘的机制尚不清楚，但一般溶解的碘易被植物获得。有机碘对栽培植物而言，可利用性很小，但经微生物将有机质分解后，此类碘就变得活泼了。植物还可直接通过表皮和毛状叶表面的黏性微粒摄取大气中的碘，因而大气碘的增加会加强植物对碘的吸收。

碘在土壤和矿物中的存在方式是大不相同的。土壤中的碘主要与有机质、铁和铝的水化氧化物、绿泥石、伊利石类黏土矿物相结合。据一些研究报告，有机质是碘的主要吸附体。因而碘主要累积在表层土壤中。

土壤碘的赋存状态受土壤酸碱性反映影响而不同。酸性土壤中，土壤有机质、铁和铝的水化氧化物、伊利石黏土矿物促进了碘的吸留。另一方面，干旱、半干旱区的碱土中碘又会强烈累积，这是由于盐碱过程和高pH值条件下碘活化度降低造成的。

碘氧化成的碘酸盐和元素碘在土壤中可能常常交替存在。土壤和大气之间还可能存在易挥发的碘化物的相互交换。一些离子状态的碘可以存在于过湿土壤中，尤以前 I^-、I^{3-} 最为常见。人类活动往往能导致局部地域土壤碘的高含量。产煤区和燃煤区以及繁忙公路周围土壤中的碘含量水平可能被提高。有些污水灌溉可以增加表土中的碘。碘污染造成碘中毒很少有见报道。但在国外，在某些沿海地区有大量使用巨藻作为肥料而导致植物碘中毒的。

人们对土壤中有益元素的研究主要着眼于它们对人体以及其他动植物自身生理机能的需求。而有益元素的赋存形态的研究已大量开展，有益元素在各种载体中的形态转化及其迁移规律也在开展，而有益元素与其他元素的作用机制研究相对较少，区域的可持续发展有赖于土壤环境科学基础研究的不断进步，正如2006年第18届世界土壤学大会提出的宗旨“满足社会需求的土壤科学发展”。随着社会和土壤科学的发展，土壤中有益元素与其他元素共同作用于生态环境，影响着动植物以及人体健康，以此，对有益元素的研究，更应当结合其他元素，研究它们在土壤中的交互作用，从而使土壤中有益元素发挥更大的作用。使土壤科学的研究成为真正意义上的"最后的科学前沿"。

参考文献

陈建平，范立民，杜江丽，等. 陕西省矿山地质环境治理现状及变化趋势分析[J]. 中国煤炭地质，2014，26(9)：54－56，64.

邓金火. 河北省邯邢铁矿区尾矿资源化与环境地球化学特征研究[D]. 石家庄：石家庄经济学院，2013.

丁海霞. 绿洲农田土壤中主要微量元素的生物地球化学特征及环境影响研究——以张掖甘州区和临泽县为例[D]. 兰州：兰州大学，2009.

戈峰. 现代生态学(第二版)[M]. 北京：科学出版社，2008.

何振立，周启星，谢正苗. 污染及有益元素的土壤化学平衡[M]. 北京：中国环境科学出版社，1998.

王五一，李永华，雒昆利，等. 大巴山区土壤中硒、氟的地球化学特征[J]. 地理研究，2003，22(2)：177－184.

翁焕新，洪春来，严爱兰，等. 碘的生物地球化学迁移及其定量模式[J]. 中国科学 D 辑：地球科学，2013，43(9)：1481－1488.

赵其国. 21 世纪土壤科学展望[J]. 地球科学进展，2011，16(5)：704－709.

赵其国. 发展与创新现代土壤科学. 土壤学报[J]. 2003，40(3)：321－327.

Colin Brownlee. Plant signaling: calcium first and second[J]. Current biology, 2003(13)：923－924.

Jeffrey F. Harper. Dissecting calcium oscillators in plant cells[J]. Trends in plant science, 2006(9)：395－397.

Ralf Dahlqvist, Marc F. Benedetti, Karen Anderssor, et al. Association of calcium with colloidal particles and speciation of calcium in the Kalix and Amazon rivers[J]. Geochimica et Cosmochimica Acta, 2004, 68(20)：4059－4075.

Riche H H, Weir A H. A method of studying trace elements in soil ractions[J]. J. Soil Sci., 1963(14)：225－235.

Sugden A, Stone R, Ash C. Ecology in the under world[J]. Science, 2004, 304(5677)：1613.

YANG Hong-xia, LIU Wei, LI Bing, et al. Speciation Analysis for Iodine in Groundwater Using High Performance Liquid Chromatography-Inductively Coupled Plasma-Mass Spectrometry (HPLC-ICP-MS)[J]. Geostandards and Geoanalytical Research, 2007, 31(4): 345－351.

Zhu Y G, Huang Y Z, Hu Y, et al. Interactions between selenium and iodine uptake by spinach(Spinacia oleracea L.) in solution culture[J]. Plant and soil, 2004, 261(1): 99－105.

我国两种矿山环境选矿药剂与重金属交互污染综述

韩张雄[1,2]

（1.陕西省矿产资源勘查与综合利用重点实验室，陕西 西安 710054；
2.国土资源部西安矿产资源监督检测中心，陕西 西安 710054）

摘　要：在金属矿山开采的同时，会带来周围地质环境的污染，而金属矿山的污染因素主要来源于无机重金属元素污染以及选矿药剂的污染，本文通过分析我国钼矿与铅锌矿重金属及选矿药剂的污染研究进展及其交互作用的研究现状，得出金属矿山的污染研究应当同时重视金属元素的长期效应和选矿药剂的隐蔽污染性；同时应当结合矿山整体环境条件以及根据不同的矿种，从机理研究入手，彻底有效地降低金属矿山的污染现状。

关键词：矿山环境；金属矿山；选矿药剂；重金属；交互作用

矿产资源是社会经济发展的物质基础。矿业活动在19世纪晚期，达到高潮。20世纪50年代至今，采矿业遍布全球，尤其是矿产资源的国际化和市场化，使开采的规模和强度空前加大。

截至2001年，我国建成国有矿山8000多座，非国有矿山10万多座，矿石采掘量和主要矿产品总量居世界第三。矿业及矿产品加工产值约占GDP的30%，矿产品进出口贸易额占全国对外贸易总额的20%。矿产为国家建设提供了95%的一次能源、80%的工业原材料和75%以上的农业生产资料。

1　矿山环境重金属污染研究

随着工业的进步和采矿方法的发展和改进，采矿业对于生态环境和土地资源的破坏越来越严重。自1976—2000年，估计世界采矿活动累积占地面积达37 000km^2，相当于整个地球陆地面积的0.02%，按照矿山的污染范围一般为其占地面积的10倍来估算，矿山的环境污染面积已占地球陆地面积的2%。采矿活动引起了地表及地质环境破坏、大气污染、固体废弃物污染、矿山废水污染以及重金属污染等问题，金属矿山的开采是重金属污染的重要来源。重金属污染伴随着矿产资源开发的全过程，每一过程都呈现不同的污染特性，笼统地对其进行研究不利于充分掌握重金属的污染信息，应当结合实际情况分析重金属在各个过程中的迁移转化规律。重金属进入土壤环境后，通过溶解、沉淀、凝聚、络合和吸附等各种反应，形成不同的化学形态。对矿山周边土壤中重金属污染的研究越来越证明土壤中重金属的迁移性和植物毒性主要取决于重金属的形态分布。金属矿山开采所产生的废水和尾矿堆的风化、淋滤过程中流失的有毒有害重金属元素是矿区及其周围地区生态环境污染的主要问题，其产生的污染物种类多，浓度高，通常以尾矿和废矿水灌溉的方式进入土壤，矿山开采污染环境的问题也引起了人们的高度关注。

基金项目：陕西省自然科学基础研究计划项目(2014JM5217)

作者简介：韩张雄(1982—)，男，陕西佳县人，工程师，获得陕西省地质学会第六届科技论文二等奖(第一位)，第八届优秀成果三等奖(第一位)，主要从事土壤化学与植物逆境培育风险评价方面的工作。E-mail：han10260@163.com

2 矿山环境选矿药物污染研究

矿业活动中，无论采矿、选矿还是冶炼的过程中，都有大量的矿山药剂进入到矿山环境中。这些矿山药剂包括捕收剂、起泡剂、抑制剂、絮凝剂、萃取剂、萃取用基质改善剂与稀释剂等，品种已达几百种。据报道，世界范围内几乎有 20×10^8 t 的矿石是经过浮选法处理的，共消耗了近 400×10^4 t 的选矿药剂。而这些药剂绝大多数没有经过任何环境风险评价、毒理性能评价以及环境行为预测，甚至不公布确切的组分和结构，没有化学名称，仅用代号就直接进入到矿山环境流通中。它们成分复杂，有毒有害，而且在环境中的行为难以预测，并相互作用，引发二次污染、复合污染，更为矿山环境污染治理增添了难度。

一些矿物（例如金属矿石）的加工主要依赖矿山药剂，这个过程涉及到许多化学的和物理的分离步骤，可能严重地影响到矿区生态环境。找到的矿石必须与价值较低或无价值的脉石分离开。加工中的第一步骤，最通常的是破碎或研磨。原生矿石被细磨到 200 目，甚至更细，然后进入选矿。金属矿物如硫化矿在地下矿床中其晶格完整，成键轨道被电子充满，反键轨道置空，裸露的界面很少，矿物相对稳定。

但在采、选的矿业加工过程中，每年近几十亿吨的各种原生硫化矿迅速暴露于地表大气环境中，在 H_2O、O_2 存在下，矿物被研磨到 200 目的细小颗粒。全世界总能源中 10%～20%的能量消耗在矿业活动中，这些能量为还原态硫的产生，也为矿物表面活化提供了能量。它使矿石原有晶格点阵被大量破坏、裸露、截断。原有的表面积迅速加大，巨大的表面积由无数断面组成，断面上是大量的悬键，它们使这些细小矿物表面有巨大的表面能、表面活性和表面位，并带有大量表面反应功能基，如羟基、硫基、Lewsi 酸位、Lewsi 碱位等。这些表面功能基（位）将吸附、配合、络合矿山复合污染体系中的还原态硫、有机“C”源等及大气或水中的“O”源，为它们相互接触、作用直至反应提供大量高活性媒介。细小硫化矿上的 Lewsi 酸（碱）位可使上述污染源活化，降低它们的反应阀值，形成异位催化。这些因素为矿山药剂污染及二次污染物向复合污染及其他形式污染转化提供最大可能和最多的途径。

分离矿石与脉石的方法主要有如下 3 种：磁力分离、重力法、化学法。化学法有环境危险，但化学法的分离效率远远高于前二者，因此成为最通用的选矿方法。最常用的化学法是浮选法。全世界范围内几乎有 20×10^8 t 矿石是经过浮选处理的。1985 年仅美国每年矿山化学药剂使用量就已达到 70×10^4 t。以其推算 15 年后的中国，其矿山化学药剂用量每年应在百万吨级。引起环境科学研究重视的农药每年用量为 30×10^4 t 规模，与之相比，矿山化学药剂用量是农药用量的 3 倍。仅赣南地区，每天进入环境的选矿药剂就达 3380 余吨。因此，在金属矿山开采过程中，不仅仅存在重金属元素对周围环境的污染问题，选矿试剂与重金属复合污染对周围环境的污染更加严重。

3 典型矿山环境中重金属与选矿药剂交互污染

3.1 钼矿区重金属与选矿药剂交互污染研究现状

我国是钼矿资源生产和贸易大国，在世界上占有举足轻重的地位。2013 年数据统计显示，我国钼矿储量、生产量和出口量均居世界第一位。其中储量占全球 42%，因此，合理开发利用钼资源的同时，我们更应当注重资源开采对周围环境所造成的危害，这对我国经济的持续发展具有现实意义。

钼矿的浮选药剂以非极性油类作捕收剂，同时添加起泡剂。美国和加拿大用表面活性剂辛太克斯（Syntex）作油类乳化剂。根据矿石性质，用石灰作调整剂，水玻璃作脉石抑制剂，有时加氰化物或硫化物抑制其他重金属矿物。

为保证钼精矿质量，对钼精矿中所含的铜、铅、铁等重金属矿物和氧化钙以及碳质矿物需进一步进行分离。

钼矿的选矿药剂一般使用硫化钠或硫氢化钠，氰化物或铁氰化物制铜和铁；用重铬酸盐或诺克斯

(Nokes)抑制铅。如果使用抑制剂,杂质含量还达不到质量标准,尚需辅以化学选矿处理:次生硫化铜用氰化物浸出,黄铜矿用三氯化铁溶液浸出,方铅矿用盐酸和三氯化铁溶液浸出,均可达到标准含量。

含氧化钙的脉石生产上往往添加水玻璃、六聚偏磷酸钠或有机胶作脉石抑制剂或分散剂,也可用活性炭加 CMC(羧甲基纤维素)抑制碳酸盐脉石。最终可用盐酸或盐酸加三氯化铁溶液浸出处理。

含碳质矿物的分离,首先要查明碳质是属石墨类、沥青类或煤类。这些碳质矿物的可浮性与辉钼矿相近,但密度较小,一般可用重选法进行脱除;使用六聚偏磷酸钠和 CMC 抑碳浮钼,或加三氯化铁、水玻璃和六聚偏磷酸钠抑制碳质也有效;采用焙烧除去有机碳,也是办法之一。

3.2 铅锌矿区重金属与选矿药剂交互污染研究现状

我国铅锌矿产资源分布广泛,储量比较丰富。截至 2006 年底,全国查明铅矿资源储量 4141×10^4t,其中基础储量 1351×10^4t,占 32.6%,居世界第 2 位;查明锌矿资源储量 9711×10^4t,其中基础储量 4227×10^4t,占 43.5%,居世界第 1 位。其中原生硫化矿储量占 90%,氧化铅锌矿床只有云南的兰坪、会泽,广西的泗顶,辽宁的紫河和陕西的铅峒山等少数几个矿山。

我国铅锌矿资源的特点是大中型矿多,特大型矿较少;矿石中铅少锌多,铅锌比约为 1∶2.6,贫矿多,富矿少,易选,铅锌品位之和多在 5%~10%之间,品位高于 10%的矿石仅占总储量的 15%;矿石类型复杂,单一的铅或锌矿石类型少,共伴生组分较多,主要有金、银、铜、锡、镉、硫、萤石及稀有分散元素。铅锌矿是陕西省较有远景并具有特色的优势矿种,存储量在全国排名前十位。在铅锌矿选矿过程中近几年国内选矿专家针对各地不同类型的铅锌矿石研究了多种药剂或组合药剂,有硫酚捕收剂、苄基丙二甲酸捕收剂及其与苯甲羟肟酸混合捕收剂、EML_3 和 EML_6 螯合捕收剂、HP_1 捕收剂、P-2000 捕收剂、E-5 螯合捕收剂、ZP-50 捕收剂、DZ 抑制闪锌矿等。

4 重金矿山环境中重金属与选矿药剂研究展望

金属矿山的开采是重金属污染的重要来源,金属矿山开采所产生的废水和尾矿堆的风化、淋滤过程中流失的有毒有害重金属元素是矿区及其周围地区生态环境污染的主要问题,其产生的污染物种类多,浓度高,通常以尾矿和废矿水灌溉的方式进入土壤,矿山开采污染环境的问题也引起人们的高度关注。而在这些污染中,人们一般会关注金属元素对环境造成的污染,而对于选矿药剂往往容易忽视,我国重金属矿产资源分布广、矿种多、储量较为丰富,而大多数金属矿产资源的开采都会伴随着大量的选矿药剂,这些选矿药剂会随着选场废水进入选矿尾坝,进而会通过渗漏、蒸发作用危害到地下水、土壤和大气,在矿产资源开采的过程中研究选矿药剂对周围环境的污染机理也具有很大的价值。因此,在研究金属矿山环境的污染状况时,应当既注重重金属污染物在周围环境中的长期积累性,又重视选矿药剂污染的隐蔽性。

另外,对于金属矿山开采过程中,重金属污染方面的研究已有大量的研究,而重金属与选矿药剂之间的交互污染方面的研究则相对较少,且已有研究未能针对特定的矿山环境进行深入研究,对于矿山环境污染防治方面的研究相对较少。在研究金属矿山的环境污染及治理的过程中,应当结合金属矿山的特性,开展机理性研究,从根本上解决金属矿山的环境污染问题,为建立金属矿山环境污染治理及生态地球化学评价体系提供技术支撑。

参考文献

陈建平,范立民,杜江丽,等.陕西省矿山地质环境治理现状及变化趋势分析[J].中国煤炭地质,2014,26(9):54-56,64.

范子恒,周晓彤,汤玉和.钼矿选矿工艺和药剂浅析[J].材料研究与应用,2013,7(1):1-5.

荆正强,陈典助,黄光洪,等.我国铅锌矿选矿设备与工艺现状[J].工程设计与研究,2010,128:1-6.

李琳,吕宪俊,栗鹏.钼矿选矿工艺发展现状[J].中国矿业,2012,21(2):99-103,107.

钱建平,江文莹,牛云飞.矿山-河流系统中重金属污染的地球化学研究[J].矿物岩石地球化学通报,2010, 29(1):74-82.

饶运章,侯运炳,熊正明.矿业开发的国家环境安全评价指标研究[J].金属矿山,2004(3):45-48.

吴大清,刁桂仪,魏俊峰,等.矿物表面基团与表面作用[J].高校地质学报,2000, 6(2):225-232.

Bidus Kanti Das, Arup Roy, Matthias Koschorreck, et al. Occurrence and role of algae and fungi in acid mine drainage environment with special reference to metals and sulfate immobilization[J]. Water Research, 2009,43(4):883-894.

David F, Alain B, Eduarda S, et a1. Heavy metal mobility assessment in sediments based on a kinetic approach of the EDTA extraction:Search for optimal experimental conditions[J]. Analytica Chimica Acta, 2002 (459):245-256.

D·W·富尔斯特瑙,魏明安(译),李长根(校).浮选百年[J].国外金属矿选矿,2001, 38(3):2-9.

Jian Zhang, Yung Ngothai, Wubiao Weng, et al. A literature survey on synthetic polymetic reagents used in sulfide minerals flotation[C]//8th World Congress of Chemical Engineering, Montréal, Québec, Canada, 2009:23-27.

矿山环境保护与恢复治理问题探讨

王　克，周　阳

（陕西省地质调查中心，陕西 西安 710068）

摘　要：本文讨论了矿山环境保护与恢复治理工程实施过程中的保障措施，包括组织保障、技术保障、资金保障。该研究对于矿山地质环境保护与恢复治理工作有重要指导意义，能够有效地减少或避免因矿产开发而引起的矿山地质环境问题，改善矿山地质环境，促进矿产资源开发与矿山地质环境保护协调发展。

关键词：矿山；环境保护；治理工程；管理

1　绪　论

陕西省是中国矿产资源丰富地区之一，新中国成立半个多世纪以来，大规模开发利用矿产资源，为国民经济和社会发展做出了重大贡献，但是，人们开采矿产资源时，忽视了生态环境的保护，对矿山及其周围环境造成了污染，破坏了生态环境，同时诱发了多种地质灾害。随着政府和社会加强对环境问题的重视，矿山采后环境的恢复工作也广泛开展。为保证矿山地质环境保护与恢复治理工程的顺利实施，确保其引起的地质环境问题得到恢复治理，以减少其引发或加剧的地质灾害威胁人民的生命财产安全，保护建设工程区的地质环境。因此加强工程管理，确保保障措施的完善具有重要的指导意义。

2　组织保障

组织领导是方案有效实施的首要保证措施，煤矿在矿山建设和运营中，应认真履行《矿产资源法》《地质灾害防治条例》等相关法律法规，按照《矿山地质环境保护规定》的要求，从组织机构到工作制度入手，建立健全矿山地质环境保护与恢复治理方案实施保障机制，严格落实方案确定的各项地质环境保护与恢复治理措施。

为保证实施地质环境保护与恢复治理方案，矿方应建立健全领导协调组织、专职机构和工程技术人员，并与地方土地行政主管部门密切协作。把地质环境保护与恢复治理工作当作保护生态环境与煤矿安全生产协调可持续发展、造福子孙后代的一件大事来抓，列入重要的议事日程，切实加强领导。

根据煤炭生产和建设特点，必须将矿区地质环境保护与恢复治理纳入各单位生产建设的年度计划，作为生产建设的一个环节，指定相关部门设专人负责这项工作，制订方案实施的目标责任制、检查、验收和考核的具体办法。

为了节省投资和便于管理，尽量将工程、生物、其他措施同步实施并相互协调。

3　技术保障

3.1　技术监督制

（1）监督人员：选拔具有较高理论基础和专业技术水平，具有地质环境保护与恢复治理工程设计、施

作者简介：王　克(1986—)，男，陕西蒲城人，工程师，主要从事水工环地质工作与研究。E-mail:77196410@11.com

工能力，具有较强责任感和职业道的监督人员进行监督工作。

(2)监督协调人员：为保证施工进度和施工质量，矿区建设管理部门和地方土地行政部门各出1～2名技术人员负责地质环境保护与恢复治理工程施工现场的监理协调及技术监督工作，同时协助监督检查和验收工作，确保工程按期保质保量完成。

3.2 地质环境保护与恢复治理的设计与施工

建设单位保证严格按地质环境保护与恢复治理方案设计报告和图纸进行施工。矿区地质环境保护与恢复治理工作应纳入地方区域矿区地质环境保护与恢复治理总体规划，接受当地政府和土地行政管理部门的指导和监督。地质环境保护与恢复治理管理应与地方土地、环境管理部门和地质灾害防治部门相结合，互通信息、互相衔接，保证地质环境保护与恢复治理达到预期的目的，以提高经济、社会和环境效益。

为保证地质环境保护与恢复治理工程的顺利实施，应选择具有一定资质、经验和力量的施工队伍。施工期间矿区地质环境保护与恢复治理管理部门应有专门技术人员负责工程质量和进度。

地质环境保护与恢复治理的施工单位，除了具有一般工程技术人员，还应具有地质环境保护与恢复治理的专业技术人员，重点负责指导和监督方案的实施与施工。

3.3 完善管理规章制度

建立健全地质环境保护与恢复治理技术档案与管理制度，实现地质环境保护与恢复治理工作的科学性和系统性。档案建立与管理制度保持项目资料的全面性、系统性、科学性、时间性和齐全性及资料的准确性。各年度或工程每个阶段结束后，将所有资料及时归档。实行专人专管制度和资料借阅的登记制度，以便资料的查找和使用。

3.4 地质环境保护与恢复治理工程运行管理措施

为确保工程在建成后长期稳定地发挥作用，必须建立稳定高效的运行管理机制，制定相关的管理措施，明确工程建成后的管护责任，提高管护效果。

项目竣工验收后，及时办理交接手续，有必要的地方建立相应的管理机构，明确管理主体和责任人，制定配套管理措施，建立健全各项规章制度。建立良性循环的运行管理机制，制定相应的实施细则，保证工程充分发挥效益。

建立一整套完善的监督机制，做好地质环境保护与恢复治理工程建后工作的监督。对工程管护质量差，造成地质环境保护与恢复治理成果遭受破坏，要追究有关单位的责任，并对直接责任人予以追究。针对不同环节、不同区域等方面的因素，地质环境保护与恢复治理实施建议采取两种方式：一是先恢复治理、后移交，二是边恢复治理、边移交。以上两种方式旨在调动当地群众的积极性，积极投入到矿区地质环境保护与恢复治理当中去，并能使他们获得一定的经济效益，保证了矿区地质环境保护与恢复治理的延续性。

依靠科技进步，提高工程建设质量和效益。一是地质环境保护与恢复治理实施后，隔时段巡查调研，及时发现问题，征求专家意见，采取有效可行的措施；二是学习国内外地质环境保护与恢复治理的先进经验，先进技术，先进管理方法；三是开展地质环境保护与恢复治理工程科普宣传及公众教育活动。最终使地质环境保护与恢复治理工程切实可行、发挥作用，确保地质环境保护与恢复治理工程达标。

4 资金保障

4.1 资金来源

资金来源遵循：①“谁破坏，谁治理”的原则；②地质环境保护与恢复治理的资金进入当年生产成本的原则；③按煤矿建设工程实际生产能力计提的原则；④地质环境保护与恢复治理资金集中在前期（第一、第二阶段中期）提取的原则。

4.2 资金的管理与使用

4.2.1 资金管理

依据相关管理规定，资金的管理与使用遵循以下原则：

(1)设立资金专户，专款专用。

(2)取之于区域的矿产资源，用之于区域的地质环境保护与恢复治理，以保障资金的可靠度。

(3)地质环境保护与恢复治理资金实行先计划后使用。

(4)国土资源行政主管部门先审核批准地质环境保护与恢复治理计划，然后按照批复的治理计划使用资金。

(5)地质环境保护与恢复治理工程施工结束后，由国土资源行政主管部门组织专家进行竣工验收。

(6)地质环境保护与恢复治理资金的使用，接受社会和群众的监督。

(7)矿山企业按规定每年定期将矿山地质环境保护与恢复治理资金的收支情况，向国土资源行政主管部门报告。

项目实施过程中，各有关单位要加强资金使用管理，硬化估算约束。严格执行专款专用、专项管理、单独核算规定，任何单位和个人不得超出支出范围，更不得挪用项目资金；要建立、健全项目会计核算和内部稽核制度，对项目资金实行全过程的财务管理与监督；要严格项目资金竣工决算，规范项目的业绩考评和追踪问效。

4.2.2 资金的使用

主要采取的措施是：

一是建立地质环境保护与恢复治理项目资金专户、设置专账，及时将矿山每年计提的恢复治理资金入专户，实行专账、专人管理，并实行先入后拨的办法。

二是严格执行进度拨款制度，规范资金运行网络。坚持按项目计划、按工程进度拨款。即：财政部门按项目资金建立专款，国土部门对照项目的设计方案、实施方案、工程预算，按照工程建设进度与财政部门共同审核后，分批拨款，实行“报账制”。

三是严格审核工程单据。即，第一次拨款使用完毕后，项目实施单位将原始凭证报国土部门、财政部门，经审查无误填制核销单，项目单位凭核销单记账，再按工程进度第二次拨款。

四是实行项目资金报表制度。为了及时掌握资金使用情况，资金拨出后，财政部门和项目主管部门（国土部门）按照资金流向到工程现场看进度，查资金到位及使用情况，发现问题及时纠正。

五是建立健全质量监督体系，对大宗的物质和设备购置一律实行招标采购。从原材料购进，到工程施工，设专职工程质量监督员，根据质量监理的合格手续兑现工程资金，对质量不合格的工程拒付资金。

六是坚持竣工工程审计制度，治理工程完工后，按工程实施阶段编制工程决算，登记账务，接受审计部门审计。建立和完善跟踪监测和验收制度。对项目的建设进度、工程质量和资金使用等情况，进行全程跟踪监测，开展定期或不定期的检查。项目实施完毕后，组织专家和有关人员进行验收，确保地质环境保护与恢复治理目标的实现。

七是加强项目后续管理。通过广泛的宣传，提高矿区群众对地质环境保护与恢复治理项目后续管理重要性的认识，并通过“乡规民约”等形式，对项目的后续管理做出安排，确保项目的可持续性，充分发挥其效益。

八是做好固定资金登记、移交和管护措施的落实工作。工程验收合格后，及时移交资产，投入使用，发挥效益。同时制定严格的管护制度，落实管护责任，严防资产流失。使有限的资金发挥更大的经济效益和社会效益，促进项目工程顺利实施。

5 总 结

矿山地质环境问题由来已久，随着社会的发展以及社会对环境问题重视程度的加深，矿山环境保护工作的开展已刻不容缓。由于管理经验的欠缺，工作开展过程中出现了一系列由于管理方法不当导致的问题，通过对以往管理经验的总结，可以有效地预防相关管理问题，为矿山环境保护工作的顺利实施提供正确的管理指导。

参考文献

陈建平，范立民，杜江丽，等. 陕西省矿山地质环境治理现状及变化趋势分析[J]. 中国煤炭地质，2014，26(9)：54－56，64.

陈建平，范立民，李成，等. 秦巴山区矿产资源开采区地质灾害致灾模式研究[J]. 灾害学，2016，31(3)：110－113.

范立民，李成，陈建平，等. 矿产资源高强度开采区地质灾害与防治技术[M]. 北京：科学出版社，2016.

范立民，马雄德，冀瑞君. 西部生态脆弱矿区保水采煤研究与实践进展[J]. 煤炭学报，2015，40(8)：1711－1717.

范立民. 保水开采是矿山地质环境保护的基础[J]. 水文地质工程地质，2015，42(1)：3.

李成，陈建平，杜江丽，等. 石灰岩开采区硬岩边坡复绿技术及其适用性[J]. 中国地质灾害与防治学报，2016，27(2)：149－153.

李成. 陕西韩城煤矿群采区矿山地质环境恢复治理对策分析[J]. 中国地质灾害与防治学报，2013，24(1)：40－45.

李辉，李永红，康金栓，等. 陕西省韩城市西山灰岩群采区矿山地质环境问题及恢复治理探讨[J]. 灾害学，2014，29(3)：139－143.

李永红，何意平，康金栓，等. 陕北煤矿区地质环境保护与恢复治理措施[J]. 中国煤炭地质，2014，26(4)：41－45.

李永红，姚超伟，程晓露，等. 神府煤矿区矿山地质环境问题及恢复治理探讨[J]. 资源与产业，2015，16(6)：112－117.

李玉岩. 荣达煤矿矿山地质环境保护与治理研究[D]. 包头：内蒙古科技大学，2014.

马雄德，范立民，张晓团，等. 榆神府矿区土地荒漠化及其景观格局动态变化[J]. 灾害学，2015，30(4)：126－129.

任敬存. 包头市矿山地质环境保护与治理研究[D]. 包头：内蒙古科技大学，2012.

王雁林，郝俊卿，姚翔龙. 陕西省地质灾害治理项目中的问题及其原因和对策[J]. 地质灾害与环境保护，2015，26(3)：82－84.

煤矿地质环境保护与恢复治理方法探讨

侯　娟，周　阳

（陕西省地质调查中心，陕西 西安 710068）

摘　要：随着经济发展方式的变革以及人们对环境问题重视程度的加深，煤矿地质环境保护及采后环境的恢复工作日益增长。本文论述了煤矿地质环境保护与恢复治理方法，主要包括煤矿地质灾害治理、含水层恢复治理、地形地貌恢复治理、土地资源恢复治理等几方面，为今后的相关工作提供了有力的技术支撑。

关键词：煤矿；地质；环境；治理；方法

1　绪　论

矿区地质环境的防治应遵循“预防为主，防治结合”“在保护中开发，在开发中保护”“依靠科技进步，发展循环经济，建设绿色矿业，造福子孙后代”“因地制宜，边开采边治理”的原则。同时还必须做到“合理开采、统一规划、加强管理”，以达到保护地质环境，避免和减少地质灾害的危害和损失的目的。

2　地质灾害治理工程

2.1　地面塌陷

2.1.1　未达到稳定状态

一是地面塌陷无威胁对象的地带，采取动态监测的方法，发现险情及时采取措施，确保安全。二是对地面塌陷有威胁对象的地带设置警示标志或采取临时回填、拦挡、隔离等临时工程防护措施，达到消除安全除隐患为目的。

2.1.2　达到稳定状态

对煤矿开采塌陷区域，采取分期分区治理，合理规划，工程整治、植被恢复的综合措施。地表无威胁对象的地带（如沟谷区），进行规划设计，及时堵塞裂缝，削高填低，回填整平，挖沟排水，植被重建等；对黄土梁峁地带，采用人工种植和飞机播种相结合，恢复植被，防止环境恶化和水土流失；对具有威胁对象的地带，应进行监测，发现隐患，及时处理。根据影响程度采取相应的措施（搬迁赔偿、避让、加固等）。

2.2　地裂缝

地裂缝类型的划分依据见表1。

2.2.1　Ⅰ类裂缝

采用人工挖掘或辅助机械挖掘地裂缝两侧各0.3～0.5m，深度为0.3～0.5m，用预先准备的土体夯

作者简介：侯　娟（1979—），女，陕西西安人，高级工程师，主要从事水工环地质工作与研究。E-mail：77196410@qq.com

表 1 地裂缝类型划分依据

地裂缝类型	特 征	地形地貌条件	地表沉陷程度	治理措施
Ⅰ类	裂缝宽度小于100mm,间距大于50m,裂缝贯通浅,延续长度小于100m	坡度10°以下的缓坡区	轻度	自然恢复为主,辅以人工治理
Ⅱ、Ⅲ类	裂缝宽度大于100mm,间距小于50m,裂缝贯通深,延续长度大于100m	坡度10°以上的山坡区	中度、重度	人工治理为主,辅以机械治理

实回填地裂缝,然后恢复平整。

2.2.2 Ⅱ、Ⅲ类裂缝

采用机械开挖地裂缝,然后夯实充填,机械开挖地裂缝区域修成“外高里低”的梯田,同时留设便道、排水沟等,便于后期植被恢复。

对有威胁对象的地裂缝,应对其进行监测,便于发现隐患,及时处理。应根据地裂缝的影响程度采取措施(搬迁赔偿、避让、加固等)。

2.3 滑坡、崩塌

治理方案应根据不同坡体的地质特征,提出合理的治理方案。针对崩塌体治理措施一般包括清理坡脚崩积物,并进行削坡减荷、坡面素喷、布置截排水沟等;针对滑坡体治理措施一般包括挡土墙、格构护坡、刷坡与素喷、布置截排水沟等,可参考《滑坡防治工程设计与施工技术规范》。

3 含水层恢复治理工程

根据采矿活动对地下含水层的影响和破坏分析结果,在煤层埋深较浅的沟谷区域,煤层开采形成的冒裂带高度沟通第四系孔隙潜水,到达地表。矿区周围地表水体漏失较严重,影响附近村民生产、生活用水。采矿活动对地表水体的影响和破坏程度较严重。

(1)煤矿开采过程中,强化地下水观测,建立地下水位观测站。对本区含水层、地表水进行动态跟踪监测,发现水位变化异常应立即停止开采,查找原因并采取有效的保水采煤措施。

(2)对基岩裂隙水威胁井下生产,建议严格执行《煤矿防治水工作条例》,以及采取超前预报等方法提前预测预报,提前做好防护措施确保矿井生产安全。

(3)对煤矿区内采空区的范围、积水情况作详细调查,加强对老采空突水的防范工作,及时处理因井下开采而造成地面裂缝,防止地面积水从采空塌陷区流入井下。

(4)对居民生产、生活用水造成影响的含水层区域,建议采取水车供水或寻求新的水源引入等措施,保证居民的生产、生活用水。

(5)对水库,建议留设防水煤柱。

(6)在煤层埋深较浅的沟谷区域,需要特别注意地表水、老窑积水等的影响,尤其是丰水季节,会使部分地表水、老窑积水导入矿井,可能发生较大的突水现象,对矿井威胁大。矿井建设及生产过程中,要坚持“预防为主,有疑必探,先探后掘(采)”等安全措施。同时做好防水、排水工作。

4 地形地貌恢复治理工程

煤矿采矿引起的地表变形会在一定程度上改变区域的原有自然地貌景观。如地面标高会发生变化,原始坡度会发生变化,以及地裂缝会改变原始地貌的完整性。但是不会改变井田所在区域总体地形地貌类型。所以，采取隔时段调查，回填整平、恢复植被等联合治理，以达到保护该地区的生态环境，不需要采取防治工程。

5　土地资源恢复治理

工业场地、排矸场及公路、炸药库及公路等地面建设工程会对原来的地表形态、植被造成直接破坏，较长时间占用土地。闭坑后进行综合治理，对不可利用的建筑物采取拆除、整平覆土和植被恢复等防治工程。进场公路可作为当地的交通道路保留。

5.1　耕地恢复治理方法

表土剥离（覆盖）、平整土地、修筑田埂等。

5.2　林地恢复治理方法

矿区林地主要有乔木林、灌木林，若对林地进行土方平整，则必然会彻底破坏现状地貌，且无实际可操作性，因此不宜对矿区内林地进行土方平整，只是对部分因塌陷裸露的土地，根据当地实际情况合理选用植种工程。

5.3　草地恢复治理方法

煤矿地下开采引起地表变形，不会对矿区的草地造成彻底破坏。对塌陷区裸露的草地进行补种。

6　总　结

本文讨论了煤矿地质环境保护与恢复治理工程。一般治理工程措施包括：采空区地面塌陷采取措施有监测、设置警示标志、充填裂缝、整平陷坑、房屋加固或搬迁避让等，崩塌采取措施有清除危岩危石、护坡、截排水、挡土墙等，滑坡采取措施有削坡减载、护坡、截排水、挡土墙等，含水层保护采取措施有动态监测等，土地资源保护采取修复和补植等。

参考文献

陈建平，范立民，李成，等.秦巴山区矿产资源开采区地质灾害致灾模式研究[J].灾害学，2016，31(3)：110-113.

范立民，马雄德，冀瑞君.西部生态脆弱矿区保水采煤研究与实践进展[J].煤炭学报，2015，40(8)：1711-1717.

范立民，向茂西，彭捷，等.西部生态脆弱矿区地下水对高强度采煤的响应[J].煤炭学报，2016，41(11)：2672-2678.

范立民，张晓团，向茂西，等.浅埋煤层高强度开采区地裂缝发育特征[J].煤炭学报，2015，40(6)：1142-1147.

姬怡微，何意平，李成，等.榆林市榆阳区地质灾害类型及活动特征[J].地质灾害与环境保护，2015，26(2)：32-37.

李成，陈建平，杜江丽，等.石灰岩开采区硬岩边坡复绿技术及其适用性[J].中国地质灾害与防治学报，2016，27(2)：149-153.

李成.陕西韩城煤矿群采区矿山地质环境恢复治理对策分析[J].中国地质灾害与防治学报，2013，24(1)：40-45.

李辉，李永红，康金栓，等.陕西省韩城市西山灰岩群采区矿山地质环境问题及恢复治理探讨[J].灾害学，2014，29(3)：139-143.

李永红,何意平,康金栓,等.陕北煤矿区地质环境保护与恢复治理措施[J].中国煤炭地质,2014,26(4):41-45.

李永红,滕宏泉,贺卫中,等.基于防治地质灾害四大系编制地质灾害防治规划[J].地质灾害与环境保护,2014,25(2):40-48.

马雄德,范立民,张晓团,等.榆神府矿区水体湿地演化驱动力分析[J].煤炭学报,2015,40(5):1126-1133.

徐恒利,冯全洲,宁立波.煤矿山地质环境问题一体化治理研究[M].北京:地质出版社,2010.

陕北某煤矿采空区治理技术研究

周　阳[1]，邓念东[2]，刘元元[2]

(1.陕西省地质调查中心，陕西 西安 710068；2.西安科技大学，陕西 西安 710054)

摘　要：针对陕北某煤矿采空区的工程地质、三带发育、稳定性等特征，提出了一种采用地面充填注浆方案的采空区综合治理方法，并探讨了注浆具体方案。该方法有效合理地消除了拟建工程地下煤层采空区安全隐患，确保地面工程建设的安全，保护人民群众生命财产。

关键词：煤矿；采空区；治理；技术

1　绪　论

某煤矿采空区位于陕西省神府矿区某煤矿开采范围内，主要开采4#煤，房柱式开采，主副井井型均为缓斜井，巷道宽度有2m、2.5m、2.8m，等距留设煤柱。20世纪80—90年代为人工通风，作业面放炮开采，通风及运输大巷之间预留有20m、30m、35m的煤墙。据2012年工程建设场地的地质灾害危险性评估结论：现拟建场地不易建设住宅，应避让；如若在原地建设，应采取措施进行治理，消除地面塌陷隐患。为了消除拟建工程地下煤层采空区安全隐患，确保地面工程建设的安全，保护人民群众生命财产，急需对地下采空区进行治理。

2　研究区概况

研究区属大陆性干旱、半干旱季风气候。天气多变，春季多风沙，夏季较炎热，秋季多暴雨，冬季长而寒冷。年平均气温8.6℃，极端最高气温38.9℃，极端最低气温－29.0℃，日温差15～20℃。年平均降水量410.1mm。年平均蒸发量1907.2mm，7—9月为雨季，10月中旬降雪，历年2月解冻，最大冻土深度146mm(1968年)，无霜期150～180天。冬季至春季末夏初多风，最大风速可达18.7m/s，风向多为北西。

地貌单元属黄土梁峁区，地表基本被第四系黄土和新近系红土所覆盖，基岩在煤矿南部沟谷中出露。本区属黄河一级支流窟野河流域范围，虽然沟谷发育，但因气候干燥，降雨微弱、地形破碎、植被稀少、水土流失等因素，地表水流量有限，且多属季节性河流，受降雨影响十分显著。依据地质填图及钻孔揭露，区内地层由老至新依次为：三叠系上统永坪组(T_3y)、侏罗系下统富县组(J_1f)、侏罗系中统延安组(J_2y)、新近系上新统保德组(N_2b)、第四系中、上更新统离石组和马兰组(Q_2l+Q_3m)，全新统冲积层(Q_4^{al})。

3　采空区特征

3.1　工程地质特征

采空区主采煤层顶底板稳定性均较好，以坑木、保安煤柱支护即可，煤矿未发生过冒顶、底鼓现象，

作者简介：周　阳(1986—)，男，陕西咸阳人，工程师，主要从事水工环地质工作与研究。E-mail：77196410@qq.com

煤层上覆各含水层富水性均弱，该矿最大涌水量为 $8m^3/d$，正常涌水量为 $5m^3/d$。井下地温正常，未发生过煤尘和瓦斯爆炸事故。

据勘察报告表明，采空区内有矸石、弃煤等堆弃，形成空洞范围有限。据物探资料，采空区物性表现良好，采区巷道密布，将采空区分割成网格状，巷道高度和空间狭小，未发现坍塌。

3.2 三带发育特征

研究区地下煤炭资源开采无序，根据钻孔探查情况，部分区域顶板处于悬空状态，未塌陷冒落，“三带”发育特征不明显。根据本次勘察场地内地质、水文地质条件及构造条件，煤层顶板岩层的软硬特征，按煤炭工业局颁发的《建筑物、水体、铁路及主要井巷煤柱留设与压煤开采规程》推荐的经验公式计算，煤层厚度按全采考虑，计算公式即：

$$H_{冒} = \frac{100\sum M}{4.7\sum M + 19} + 2.2$$

$$H_{裂} = \frac{100\sum M}{1.6\sum M + 3.6} + 5.6$$

式中：$H_{冒}$——冒落带最大高度(m)；

$H_{裂}$——导水裂隙带最大高度(m)；

$\sum M$——累计采厚(m)。

4# 煤层冒落带高度为 11.76～13.64m，导水裂隙带高度为 42.76～47.87m，导水裂隙带顶面标高 837.4～850.27m，而基岩顶面标高 967.07～974.0m。

3.3 采空区稳定性与危害性

参照《采空区公路设计与施工技术细则》(JTG/T D31-03—2011)中的有关规定及其计算公式，依据钻探和物探资料，采空区、保安煤柱及煤巷的总体积为 89 644.8m^3，剩余空洞体积约为 26 893m^3。

本区为房柱式开采所形成的，地下残留空洞众多。拟建场地下伏采空区整体处于不稳定状态，在地表建筑荷载、地应力长期荷载作用下，煤柱会逐步发生塑性变形、煤柱分叉、煤壁剥落，直至破坏。当残留煤柱失稳达到一定程度，煤柱、顶板、底板中应力超过采空区稳定的临界状态，老采空区将会塌陷。

本项目区进行工程建设时，采空区残余空洞及破裂岩体构成了不良工程地质条件，老采空区残留空洞及破裂岩体由于自身强度衰减或者扰动造成失稳和“活化”，进而对地表的建构筑物造成影响。综上所述，本区采空区对地表拟建工程潜在的危害程度较大，需采取必要的结构设计措施及采空区工程处治措施。

4 采空区治理方案

4.1 治理原则

采空区的治理工程的设计应在充分考虑当地环境特点、工程地质条件、材料分布与供应、资源规划与工期要求等因素的前提下，选择兼具技术先进性与经济合理性的工程，保证建(构)筑物的安全、坚固、稳定和使用寿命。坚持一次根治，不留后患的原则，治理后的采空区地基在建(构)筑物运营期间，能有效地承受工程荷载，不产生超过建(构)筑物允许的变形，但不包括建(构)筑物地基回填土固结沉降引起的不均匀沉降。同时遵守投资合理、效益良好、保护环境、合理利用与保护矿产资源的原则。

4.2 治理方案

目前国内采空区治理有充填法、局部支撑法和释放沉降潜力法等处理方法。受项目区地质、采矿、场地等条件限制，本采空区采用地面充填注浆方案。

本次采空区治理范围为：五一煤矿开采所形成的全部采空区及影响区，影响区的范围按老采空区残余移动角(松散层移动角 $\theta'=45°$,走向移动角 $\delta'=70°$,下山移动角 $\beta'=70°$,上山移动角 $\gamma'=70°$)进行确定。治理的重点为各建(构)筑物和边坡区域,建(构)筑物维护带宽度按照 10m 计算。

4.3 注浆钻孔布设

注浆孔,钻孔间距约为 20～45m,注浆孔优先布置采空区及采空巷道部位,在场地范围内钻孔尽可能布置在建筑物范围内,即别墅与别墅之间。帷幕钻孔间距约为 10 m,注浆孔(包括检查注浆孔)间距约为 25m。

4.4 注浆量预计

由于采空区勘察手段的局限性,采空区的实际采空体积难以精确计算,加之注浆时,浆液充填覆岩裂隙的量难以精确计算,因此,采空区注浆量只能是预测估算。按照《采空区公路设计与施工技术细则》(JTG/T D31－03—2011),注浆总量按公式计算:

$$Q_{总} = V_{空洞} \times A \times \eta / C$$

式中:A——注浆总量浆液消耗系数,取值在 1.0～1.5 之间;

$V_{空洞}$——采空区空洞体积(m^3);

η——浆液充填系数;

C——浆液结石率。

考虑在注浆过程中,浆液向采空区上覆地层、裂隙及附近岩层的渗透损失、空洞因冒落坍塌形成的部分堆积的空隙而渗入的浆液损失等,同时,还考虑到施工过程中因注浆工艺与注浆参数的调整,而造成注浆浆液的损失,在采空区剩余空洞体积的基础上,考虑 5%浆液损失,浆液消耗系数 $A=1.05$。水泥-砂浆液的结石率为 $C=80\%$,浆液对采空区及上覆岩层中的裂隙、缝隙的充填系数为 $\eta=85\%$。

根据勘察结果,采空区剩余空洞体积约为 26 893m^3,根据上述计算公式及参数取值,注浆体积约为 30 003m^3。

4.5 注浆设计

4.5.1 注浆工艺

依据本区采空区特点,治理工程注浆工艺确定采用一次成孔、自下而上,一次全孔间歇式充填注浆、注砂工艺。

4.5.2 注浆配比

注浆材料由注浆浆液及粗骨料组成。

注浆浆液为水泥粉煤灰黄土浆,其配比应通过现场试验确定。浆液的水固质量比宜取为 1∶1.0、1∶1.1、1∶1.2、1∶1.3 四个浓度比级,此时浆液的可注性良好。水泥占固相的 30%。

施工中一般采用由稀到浓进行,根据采空区特点、工程目的、施工现场的具体情况,可选用其中 2 个或 3 个浓度比级。当采空区充水时,宜采用较大的浓度比级,并可在浆液中掺加速凝剂,速凝剂的掺量宜为水泥重量的 3%～5%。

在施工前,注浆材料配比应按施工时使用的水泥、粉煤灰、黄土,通过试验室及现场试验确定(配比分别为 1∶1,1∶1.1,1∶1.2,1∶1.3)。试验内容应包括每立方米浆液干料含量、浆液密度、初终凝时间、结石率、结石体强度等指标。

4.5.3 注浆压力

注浆压力宜通过现场注浆试验确定,原则上采空区注浆压力控制在 1～1.5MPa,重要建筑物采空区注浆压力控制在 1.5～2.5MPa。最终注浆压力可根据现场试验段的情况优化调整。

4.5.4 注浆施工顺序

(1)施工顺序应按照先帷幕孔—一般注浆孔—检查注浆孔的顺序进行施工。

(2)钻孔应采用“分区域，分次序、间隔”的原则进行。每个区域按照“先进行外围钻孔施工—后内部钻孔施工的原则进行”。分三次序间隔施工，一次序孔对采空区可以起到补勘的作用，根据实际地层及采空区情况对后次序孔的孔位、孔距、孔数进行适当调整，弥补均匀布孔的不足。

(3)注浆应采用“间隔式、分次序”的原则进行，一次序孔浆液可能扩散范围较大，二、三次序将使前次序未充填的空洞得到再次充填，从而提高充填率。

(4)若同一次序孔之间串浆，则可取消相应之间的后序孔施工。同一次序钻孔施工应遵循先产状低后产状高的原则进行施工。不同次序的孔，在前一次序的孔全部注浆完成后，方可进行后一次序孔的钻孔施工。

4.5.5 单孔注浆结束标准

在注浆孔的注浆末期，泵压逐渐升高，当注浆达到设计压力，泵量小于 50L/min，超过 15min 时，该孔注浆结束。最终标准可根据现场试验段的情况优化调整。

5 结 语

通过对煤矿采空区的综合治理，消除了拟建工程地下煤层采空区安全隐患，确保地面工程建设的安全，保护人民群众生命财产。

参考文献

丁党鹏. 煤矿采空区覆岩稳定性评价及治理方案研究——以神木县沙沟峁煤矿采空区为例[D]. 西安：长安大学，2010.

范立民，马雄德，冀瑞君. 西部生态脆弱矿区保水采煤研究与实践进展[J]. 煤炭学报，2015，40(8)：1711－1717.

范立民，张晓团，向茂西，等. 浅埋煤层高强度开采区地裂缝发育特征[J]. 煤炭学报，2015，40(6)：1142－1147.

范立民. 保水开采是矿山地质环境保护的基础[J]. 水文地质工程地质，2015，42(1)：3.

韩健楠，刘海南，贺卫中，等. 陕北榆神府生态脆弱矿区地质灾害演化过程[J]. 灾害学，2017，32(1)：177－182.

贺卫中，向茂西，刘海南，等. 榆神府矿区地面塌陷特征及环境问题[J]. 煤田地质与勘探，2016，44(5)：131－135.

李成，陈建平，杜江丽，等. 石灰岩开采区硬岩边坡复绿技术及其适用性[J]. 中国地质灾害与防治学报，2016，27(2)：149－153.

李成. 陕西韩城煤矿群采区矿山地质环境恢复治理对策分析[J]. 中国地质灾害与防治学报，2013，24(1)：40－45.

李辉，李永红，康金栓，等. 陕西省韩城市西山灰岩群采区矿山地质环境问题及恢复治理探讨[J]. 灾害学，2014，29(3)：139－143.

李俊平，赵永平，王二军. 采空区处理的理论与实践[M]. 北京：冶金工业出版社，2012.

李永红，何意平，康金栓，等. 陕北煤矿区地质环境保护与恢复治理措施[J]. 中国煤炭地质，2014，26(4)：41－45.

马雄德，范立民，张晓团，等. 榆神府矿区水体湿地演化驱动力分析[J]. 煤炭学报，2015，40(5)：1126－1133.

煤矿采空区工程监测技术研究

雒桓瑶，周　阳

(陕西省地质调查中心，陕西 西安 710068)

摘　要：由于煤炭资源的开采，在中西部地区的一些老能源基地出现了大规模、大范围的采空塌陷区，造成老采空区上方建筑地基的承载能力下降，对地面工程建设及人们生命财产安全全产生了重大隐患。本文论述了煤矿采空区工程监测的目的、原则、方法、具体的监测手段和值得注意的问题，为采空区治理工程提供了技术支撑。

关键词：煤矿；采空区；监测；技术

1　监测目的

监测目的是系统掌握本区采空区在施工前、施工期及施工后三阶段的地表变形资料，根据施工后的地表变形资料，对治理效果及地基稳定性做出准确评价，为地面建(构)筑物的安全运营提供技术保障。

2　监测原则

2.1　监测原则

(1)监测工作应及时、准确、可靠。

(2)监测所使用的仪器、设备应与观测精度要求相适应，并宜长期稳定可靠，使用维修方便；且不易损坏。

(3)监测工作坚持短期观测与长期观测相结合的原则，即：工程完工后变形监测点及防治效果监测点应转为长期监测点。

(4)监测工作应体现系统化、立体化原则。

2.2　监测依据

(1)《工程测量规范》(GB 50026—2007)。

(2)《岩土工程监测规范》(YS 5229—96)。

(3)《建筑变形测量规范》(JGJ 8—2007)。

(4)《国家三角测量规范》(GB/T 17942—2000)。

(5)其他相关技术规范与标准。

3　监测工程设计研究

3.1　监测站布设

为了能够使观测线有效地控制煤矿老采空区剩余沉降影响盆地，同时确定开采时(非充分采动)地

作者简介：雒桓瑶(1988—)，女，陕西西安人，工程师，主要从事水工环地质工作与研究。E-mail:77196410@qq.com

表的移动变形情况，观测站拟布置 4 条观测线。共布置地表位移监测点 32 个，基岩沉降观测点 2 个，点间距为 45m。

3.2 监测站制作及埋设

观测点标石应采用钢筋混凝土预制标桩或现场混凝土浇注标桩，桩顶中央有十字标志，标桩规格应参照《工程测量规范》(GB 50026—2007)四等水准点标石规格要求制作，标石埋设深度应大于当地冻土深度 0.5m。

3.3 地表监测点的观测方法与要求

3.3.1 观测方法

根据《采空区公路设计与施工技术细则》(JTG/T D31－03—2011)、《公路工程地质勘察规范》(JTJ 064—98)、《工程测量规范》(GB 50026—2007)及相关技术要求，监测项目及方法见表 1。

表 1 监测项目及方法

序号	项目	监测方法
1	水平位移监测	三角网、极坐标法、交会法、GPS 测量、激光准直法等
2	垂直位移监测	水准测量、三角高程测量等
3	构造物倾斜监测	经纬仪投点法、差异沉降法、激光准直法等

3.3.2 观测精度

观测基站高程测量等级为三等水准，平面导线按一级导线观测；一般观测点监测等级为四等。重要建筑物监测精度应满足《工程测量规范》(GB 50026—2007)第 10.1.3 条规定，主要监测技术要求应符合《工程测量规范》(GB 50026—2007)表 10.2.4、表 10.2.6、表 10.3.3、表 10.3.4 的规定。

3.3.3 观测期限及周期

监测期限：在采空区治理施工前 1 个月、整个施工期、工后检测阶段及其后营运的 6 个月时间，整个监测期限按两年考虑。

巡视周期：施工期每天一次。

监测周期：施工前及施工期每周一次，工后检测期及营运期每月一次。

3.3.4 起止观测

在采空区治理施工前 1.5 个月进行观测点埋设，在各观测点埋设 10～15 天稳沉后进行首次全面测量。

首次观测。观测站各工作测点埋设 10～15 天稳沉后应进行全面观测，其数据作为采前的原始数据。首次观测应独立进行两次全面观测。当两次测量同一点的高程相差不大于 10mm，两点间的距离相差不大于 4mm 时，可取其平均值作为观测点的原始值。

最终观测。连续 6 个月内的下沉值不超过 30mm 时，可认为地表移动变形已基本稳定，此时应进行一次全面观测，作为最终观测，其观测值可作为本观测站的最终值。

3.4 监测资料整理分析

(1)每次观测数据应根据闭合差(应符合要求)进行简易平差，平差后进行测点的高差和高程的计算，计算结果精确至 mm。

(2)分别计算各观测点及相邻两次观测的沉降量、累计沉降量、沉降速率、累计沉降速率、水平位移量、累计水平位移量计算，精确至 mm。

(3)绘制垂直下沉曲线图、垂直下沉等值线图、水平位移曲线图及相应统计分析表格。

(4)根据地表变形量，结合公路工程允许地表变形值划分不同变形分区。

(5)计算变形特征值，包括地表倾斜变形值、曲率变形值、水平变形值等，对治理效果及地基稳定性做出准确评价。

3.5 其他要求及说明

(1)本文中的监测工程仅指采空区治理前(后)地表剩余沉降监测，建(构)筑物变形监测应严格执行《建筑变形测量规程》(JGJ 8—2007)，甲方应委托具有资质的单位承担本项目的监测工程。

(2)观测工作必须由观测单位拟定详尽的观测方案，并经业主、监理单位共同认可后实施。

(3)变形观测应委派专人进行观测记录，当变形值接近变形允许值或变形值上升较快时，应及时报告各工序操作人员采取降低压力措施，防止发生抬动破坏。如施工中发现变形超过规定的允许值，应立即停止施工，并采取处理措施。

(4)变形观测的仪器应经常检查，确保其灵敏性和准确性。

(5)观测过程中，应严格防止碰撞，保证能在正常工作状态下进行观测，确保观测精度。

(6)注浆工作结束后，观测孔应进行妥善保护。

(7)观测数据的采集应尽可能采用自动化方式。施工期间的工程观测，观测单位应定期向建设单位、监理单位、设计单位和施工单位提交观测报告，必要时，应提交实时观测数据。

(8)每次观测应作原始记录并及时进行观测数据整理。

(9)观测应建立资料分析处理系统。

(10)其他参照《工程测量规范》(GB 50026—2007)及相关规范要求。

4 总 结

总结概括了煤矿采空区工程监测的目的、原则、方法、具体的监测手段和值得注意的问题，为采空区治理工程提供了技术支撑。

参考文献

陈建平，范立民，李成，等. 秦巴山区矿产资源开采区地质灾害致灾模式研究[J]. 灾害学，2016，31(3)：110－113.

程敦伍，王树仁，王树理，等. 采空区注浆处置技术及其应用[M]. 北京：清华大学出版社，2012.

范立民，李成，陈建平，等. 矿产资源高强度开采区地质灾害与防治技术[M]. 北京：科学出版社，2016.

范立民，马雄德，冀瑞君. 西部生态脆弱矿区保水采煤研究与实践进展[J]. 煤炭学报，2015，40(8)：1711－1717.

范立民，向茂西，彭捷，等. 西部生态脆弱矿区地下水对高强度采煤的响应[J]. 煤炭学报，2016，41(11)：2672－2678.

范立民，张晓团，向茂西，等. 浅埋煤层高强度开采区地裂缝发育特征[J]. 煤炭学报，2015，40(6)：1142－1147.

李成，陈建平，杜江丽，等. 石灰岩开采区硬岩边坡复绿技术及其适用性[J]. 中国地质灾害与防治学报，2016，27(2)：149－153.

李成. 陕西韩城煤矿群采区矿山地质环境恢复治理对策分析[J]. 中国地质灾害与防治学报，2013，24(1)：40－45.

李俊平，赵永平，王二军. 采空区处理的理论与实践[M]. 北京：冶金工业出版社，2012.

李永红，何意平，康金栓，等.陕北煤矿区地质环境保护与恢复治理措施[J].中国煤炭地质，2014，26(4)：41 - 45.

李永红，姚超伟，程晓露，等.神府煤矿区矿山地质环境问题及恢复治理探讨[J].资源与产业，2015，16(6)：112 - 117.

马雄德，范立民，张晓团，等.榆神府矿区水体湿地演化驱动力分析[J].煤炭学报，2015，40(5)：1126 - 1133.

吴起县政府沟泥石流防治工程可行性研究

高新美，刘　刚，王振福

（陕西地质工程总公司，陕西 西安 710054）

摘　要：本文在野外调查的基础上，根据现行国家、行业规程规范，针对该处泥石流灾害的发育特点，初步查明其工程地质条件和地质灾害特征，对泥石流灾害进行科学评价，从技术可行、经济合理以及社会环境因素上对防治工程提出治理措施与建议，消除该段泥石流灾害对中下游居民的威胁，确保当地居民生命财产的安全，促进社会稳定和经济发展。

关键词：政府沟；泥石流；治理方案

0　引　言

吴起县政府沟泥石流位于洛源街道办旧居巷政府沟上游，县人大（政协）办公楼后面，该泥石流沟道内有松散堆积物分布，总长约280m，宽30m，厚10～40m，属中易发状态，沟内地形坡度平陡不一。沟内居民较多，沿上游新建窑洞较多，主沟走向251°，沟内堆积切坡建窑弃土，松散物储量$2.5\times10^4 m^3$，为中型黄土泥流。该泥石流直接威胁政府沟内130户408人，房屋280间，间接威胁县城主干道和省道303公路，险情级别为大型，潜在经济损失约5000万元。在强降雨与地震条件下可能引起泥石流灾害，因此迫切需要开展政府沟泥石流沟的勘查和治理工作，保护当地居民生命财产的安全。

1　自然地理条件

1.1　气象、水文

吴起县属中温带半湿润—半干旱区，大陆性季风气候，雨量偏小，气候干旱，四季分明。春季干旱多风，夏季旱涝相间，秋季温凉湿润，冬季寒冷干燥。

吴起县气温区域性差异较明显，季节性气温差异大，昼夜温差较大。年平均降水量478.3mm，蒸发量1541.7mm，为降雨量的3倍，相对湿度56%。降水相对集中于七、八、九3个月，降水量301.7mm，约占全年62.5%。且降水量年际变化大：1985年降水量为38年来观测最大值，降水量达631.4mm，而1987年全年降水量仅为270mm，相差2.3倍。

治理区邻近洛河，洛河为黄河的二级支流，是吴起县境内地表水文网的主体，吴起县境内绝大部分支流皆纳入其中。洛河于吴起镇，汇头道川后南流即谓洛河，纳二道川、三道川、杨青川、白豹川等大小20多条支流后至金汤村出吴起县境，境内流长$22.1km^2$，流域面积$3388\ km^2$，平均径流量$1.37m^3/s$。

1.2　地形地貌

吴起县地形地貌的轮廓系中生代早白垩世四川运动抬升后形成的，地貌特征沟壑纵横，河谷深切，梁峁起伏，沟坡陡峻，黄土峁梁构成工作区内地貌的主体。境内最高点海拔1803.3m。区内地势总体

作者简介：高新美（1994—），女，陕西米脂人，助理工程师，主要从事工程勘察，地质灾害防治设计研究等工作。
E-mail：gaoxinmei01@126.com

北、西部高，南、东部低。

治理区地形变化较大，高程在1300～1400m之间，地势东高西低，政府沟沟床较陡，约17°，两侧山体坡度大多在40°以上，植被覆盖较好。山脊多呈棱角状，谷坡部分植被遭不同程度破坏，人类活动强烈，河床有松散物覆盖，表层为黄土，下部为砂岩，含泥量高，强度较低，易软化，为泥石流提供了大量物源。

2 地质条件

2.1 地层岩性

根据地面调查，工程区内地表为第四系中更新统黄土（Q_2^{eol}），淡黄色、灰黄色、黄土质粉土为主，黏粒含量低。

下部为白垩系下统环河-华池组（K_1h），岩性为紫红色砂岩，棕红色砂质泥岩、蓝色泥岩的不等厚互层（砂泥岩比约2：1），砂岩为钙、泥质胶结，单层厚0.5～1m，泥岩多为钙质胶结，小型交错层理发育，单层厚0.1～0.3m。由于地层软硬相间，含泥量高，强度较低，易软化，可见厚度8m左右。

2.2 地质构造与地震活动

治理区所处大地构造部位属于鄂尔多斯地台陕北台凹大向斜的西翼，岩层倾角3°～5°，倾向SSE。区内构造简单，为相对稳定的地块，无构造断裂迹象，新构造运动以整体缓慢抬升为主。据现场调查，新近系弱胶结泥岩产状水平。第四系中更新统黄土中垂直节理较为发育。

新构造运动整体表现为间歇性缓慢抬升，以面状风化剥蚀、河谷不断下切为主要特征，这种间歇性抬升伴随着河流下切，沿大河形成三级或四级阶地。依据《中国地震动参数区划图》(GB 18306－2015)，勘查区抗震设防烈度为Ⅵ度，地震峰值加速度值为0.05g，反应谱特征周期为0.45s。

2.3 水文地质条件

治理区内主要有孔隙裂隙水和白垩系基岩裂隙水两种类型。

2.3.1 黄土孔隙裂隙水

此类含水层富水程度取决于堆积物物质组成，由于淤泥质土阻隔了降水下渗补给，堆积物不利于降水的下渗补给，地下水也难以富集。第四系中更系统黄土分布于梁峁上，大气降水多形成地表径流泄于沟道，不利于下降补给，地下水很少富集。

2.3.2 白垩系基岩裂隙水

由于基岩在区内倾斜平缓，近于水平，下白垩统地层中砂岩、泥岩互层叠置，裂隙稀疏，且很少张开，补给条件差，因而基岩裂隙水也难于富集，区内地下水主要接受大气降水补给，深部基岩裂隙水局部有侧向地下径流补给。地下水主要以泉和小片渗水形式向临近沟谷排泄。

2.4 人类工程活动

该泥石流沟内人类工程活动较为强烈，房屋、道路修建活动频繁。由于当地人口不断增加和社会经济的发展以及人类活动空间的扩大，导致毁林开荒种地，森林覆盖率下降，脆弱的地质环境失去森林的庇护，加剧了地质灾害的发展，成为泥石流活动加剧的重要因素。

3 泥石流沟基本特征

3.1 泥石流沟概况

泥石流沟流域内相对高差100m。沟长1130m，汇水范围呈扇形，面积0.93km^2，沟谷深切，地势陡峻，地形坡度较大，谷坡约 17°，沟谷狭窄，上段沟谷呈“V”形，中下段呈“U”形。沟谷上游堆积大量的人工弃土，堆积厚度约 10～40m，沿沟床纵向主要堆积近期新建窑洞、修路开挖山体而形成的松散弃土，严重占据河道，严重影响沟内排水，沟水冲刷作用强烈，为泥石流的形成提供了大量的固体物源，该沟的下游为泥石流的流通区。

沟床整体较为稳定，无摆动变化，但沟岸侧蚀作用和沟床下蚀作用较为强烈。沟岸侧蚀造成沟岸崩滑和沟底物质的再搬运成为增加泥石流固体物质的重要途径。

3.2 政府沟泥石流分区

3.2.1 物源区

物源区主要分布于政府沟高程 1345～1380m 段，其中堆积物 1 位于上游高程 1380m 处，堆积物 2 位于 1360m 处沟道中央，平均坡降为 17°，沟槽狭窄，泥石流通过时会增加其冲击速度。地表大都裸露或零星草丛覆盖，岸坡坡度 40°以上，局部呈陡崖状。

通过地面调查得知，沟段北侧斜坡稳定性差，坡面雨蚀沟发育，水土流失严重。沟内上游松散堆积物 1 和堆积物 2 及两岸第四系残坡积松散层堆积物总量约 $2.5\times10^4\,m^3$，共同构成了泥石流的主要物源。

3.2.2 流通区

流通区分布于泥石流沟中下段，沟底高程 1300～1345m，沟长 600m，平均纵坡 16°，两岸谷坡植被一般发育，两岸谷坡坡度为 40°以上，两岸谷坡土体由第四系中统黄土组成。

3.3 泥石流危险性评价

(1)泥石流的综合致灾能力 F：按表 1 中四因素分级量化总分值进行判别（F=16～13，综合致灾能力很强；F=12～10，综合致灾能力强；F=9～7，综合致灾能力较强；F=6～4，综合致灾能力弱），该泥石流沟致灾体的综合致灾能力为较强（F=9）。

(2)受灾体（建筑物）的综合承（抗）灾能力按表 2 中四因素分级量化总分值判别（E=4～6，综合承（抗）灾能力很差；E=7～9，综合承（抗）灾能力差；E=10～12，综合承（抗）灾能力较好；E=13～16，综合承（抗）灾能力好），极危险区受灾体（建筑物）的综合承（抗）灾能力为很差（E=8）。

表 1 致灾体的综合致灾能力分级量化表

活动强度①	很强	4	强	3	较强	2	弱	1
活动规模②	特大型	4	大型	3	中型	2	小型	1
发生频率③	极低频	4	低频	3	中频	2	高频	1
堵塞程度④	严重	4	中等	3	轻微	2	无堵塞	1

表 2 受灾体（建筑物）的综合承（抗）灾能力分级量化表

设计标准	<5 年一遇	1	5～10 年一遇	2	20～50 年一遇	3	>50 年一遇	4
工程质量	较差，有严重隐患	1	合格，但有隐患	2	合格	3	良好	4
区位条件	极危险区	1	危险区	2	影响区	3	安全区	4
防治工程和辅助工程的工程效果	较差或工程失效	1	存在较大问题	2	存在部分问题	3	较好	4

(3)暴雨泥石流活动危险程度或灾害发生几率的判别：按危险程度或灾害发生几率(D)＝泥石流的致灾能力(F)/受灾体的承（抗）灾能力(E)进行判别（当 $D<1$ 时受灾体处于安全工作状态，成灾可能性

小;$D>1$ 时受灾体处于危险工作状态,成灾可能性大;$D\approx1$ 时,受灾体处于灾变的临界工作状态,成灾与否的几率各占 50%,要警惕可能成灾的那部分),该泥石流发生几率 $D>1$ 时,受灾体处于危险工作状态,成灾可能性大。

4 治理方案

按泥石流治理的目标是减灾、防灾以确保城市规划建设的安全为目标。根据泥石流的发育特征、地形地貌以及危害对象,一般防治措施是采用排、拦挡、削坡等工程措施进行综合治理。

政府沟泥石流上游堆积物上植被较发育,泥石流主要是在大量降雨的作用下诱发产生的。通过对政府沟进行调查,泥石流物质源主要是黄土,河床上粒径较大的漂石很少,物源在河水作用下是可以搬运走的。为防止河水冲刷沟道两侧部分土质边坡的滑塌,可对边坡上部削坡并对下部进行浆砌石防护措施。为此治理工程初步确定以下治理措施:排水工程+削坡工程+浆砌石挡墙护坡工程。

4.1 排水工程

治理泥石流的主要措施是修建排水工程系统,为了能将水迅速排走,设计修建浆砌石涵洞、排水渠、消能池以及跌水池等工程,基底素土夯实并铺设 3∶7 灰土垫层,对浆砌石面层进行砂浆抹面。

4.2 护墙工程

在高程 1330m 处高压杆边坡前缘坡脚修建护脚墙,采用 M10 浆砌石砌筑、抹面,挡墙长约 55m,护坡墙前缘修建浆砌石排水渠 12,在护脚挡墙对岸排水渠 12 上部修建护坡墙 1,护坡墙与排水渠间留 1m 平台。在排水渠 12 西北部有土质边坡,边坡较陡,在边坡下部设一浆砌石截水沟,截水沟上部设护坡挡墙 2,长 43m,上部按坡比 2∶1 进行放坡。

4.3 削坡工程

对高压杆旁松散黄土进行清除,对护坡墙 1 和护坡墙 2 上部的高陡边坡进行分级削坡,减少泥石流物源,坡比 2∶1,平台宽 1.0m,对边坡坡脚进行防护,保证边坡的稳定性。

5 结论和建议

(1)该泥石流治理区位于洛源街道办旧居巷政府沟上游,县人大(政协)办公楼后面,该沟长约 1130m,泥石流灾害较为发育,稳定性较差,受降雨等自然因素的影响,易发生泥石流灾害,危险性大。

(2)治理工程实施方案包括:排水工程、削坡工程、护墙工程相结合的综合治理措施。

(3)通过泥石流治理工程的实施,将消除泥石流对政府沟居民的威胁,并使生态环境得到恢复。保障沟内居民、房屋及沟口道路等的生命财产安全,其经济、社会和环境效益明显。

(4)该泥石流灾害,相关部门应落实人员,建立监测体系,安置检测仪器,进行系统的监测,发现险情及时撤离。

参考文献

陈建平,范立民,杜江丽,等.陕西省矿山地质环境治理现状及变化趋势分析[J].中国煤炭地质,2014,26(9):54-56,64.

范立民,李成,陈建平,等.矿产资源高强度开采区地质灾害与防治技术[M].北京:科学出版社,2016.

郭翔,王洪波.关于某泥石流防治工程可行性研究[J].工程设计施工与管理,2014(11):144.

李丰春.小昌马河灌区泥石流治理[J].农业科技与信息,2010(12):17-18.

阮孝正.浅析泥石流的成因及治理措施[J].工程科技,2014(3):173